Effective Python

Pythonプログラムを改良する59項目

Brett Slatkin 著
黒川 利明 訳
石本 敦夫 技術監修

本書で使用するシステム名、製品名は、それぞれ各社の商標、または登録商標です。
なお、本文中では™、®、©マークは省略している場合もあります。

Effective Python

59 SPECIFIC WAYS TO WRITE BETTER PYTHON

Brett Slatkin

✦✦ Addison-Wesley

Upper Saddle River, NJ • Boston • Indianapolis • San Francisco
New York • Toronto • Montreal • London • Munich • Paris • Madrid
Capetown • Sydney • Tokyo • Singapore • Mexico City

Authorized translation from the English language edition, entitled EFFECTIVE PYTHON: 59 SPECIFIC WAYS TO
WRITE BETTER PYTHON, 1st Edition, ISBN: 0134034287 by SLATKIN, BRETT, published by Pearson Education,
Inc, publishing as Addison−Wesley Professional, Copyright©2015.
All rights reserved. No part of this book may be reproduced or transmitted in any form or by any means, electronic or
mechanical, including photocopying, recording or by any information storage retrieval system, without permission from
Pearson Education, Inc.
JAPANESE language edition published by O'REILLY JAPAN, Copyright©2016.
JAPANESE translation rights arranged with PEARSON EDUCATION, INC. through JAPAN UNI AGENCY, INC.,
TOKYO JAPAN.

本書は、株式会社オライリー・ジャパンがPearson Education, Inc.の許諾に基づき翻訳したものです。日本語版についての
権利は、株式会社オライリー・ジャパンが保有します。

日本語版の内容について、株式会社オライリー・ジャパンは最大限の努力をもって正確を期していますが、本書の内容に基づ
く運用結果については責任を負いかねますので、ご了承ください。

推薦の言葉

Slatkinの『Effective Python』の項目はどれもが完結したレッスンをソースコードとともに教えてくれる。だから、この本はランダムアクセスできる。項目は把握しやすく、読者が必要とする順序で勉強できる。学生に対しては、中級Pythonプログラマのための非常に広範な話題についての主流の助言を驚異的に簡潔に与えてくれるものとして推薦する。

—— Brandon Rhodes、Dropbox ソフトウェアエンジニア、PyCon 2016-2017議長

何年もPythonでプログラミングをしてきて、よく知っていると思っていた。このヒントと技法が詰まった宝物のお陰で、私のPythonコードを、もっと速くする（例えば、組み込みデータ構造を使う）、もっと読みやすくする（例えば、キーワード専用引数を使う）、あるいは、もっとPython流にする（例えば、zipを使ってリストを並列に処理する）ためにもっと多くのことができることがわかった。

—— Pamela Fox、Khan アカデミー、教育エンジニア

初めてJavaからPythonに切り替えたときに、この本があったなら、このやり方は「Python流じゃない」と実感するたびに起こったコードの何か月もかかった書き直しを繰り返さなくて済んだはずだ。この本は、基本的なPythonの膨大な「知っておかねばならないこと」を一箇所に集め、何ヶ月もあるいは何年もかかって、それらを1つずつ発見する必要性を取り除いた。本書の扱う範囲は印象的で、PEP 8の重要性と主要なPythonイディオムから始まって、関数、メソッド、クラス設計、効果的な標準ライブラリ活用法、高品質API設計、試験、性能評価にまで渡っている。本書は実際すべてを含んでいる。初心者にも経験豊富な開発者にも、Pythonプログラマとは本当は何を意味するかということを教えてくれる素晴らしい本だ。

—— Mike Bayer、SQLAlchemy 作成者

『Effective Python』は、Pythonのコードスタイルと働きを改善するための明晰なガイドラインであり、あなたのPythonスキルを新たなレベルに高めるだろう。

Leah Culver、Dropbox、開発主唱者

この本は、他の言語の熟練開発者で、Pythonを早く身に付けて、基本言語要素からPython流コードへ移行したいと考えている人達に、他に例がないほど役立つ本だ。この本の構成は、明晰、簡潔、読みやすくて、項目も章も、その話題についてそれだけで考えさせるようになっている。この本は、純粋Pythonの言語構成要素すべてを扱い、より広範なPythonエコシステムの複雑さで読者を惑わさない。熟練開発者にとって本書は、これまで見たことがない言語要素の深層での例を示し、あまり使われていない言語機能の例を与えてくれる。著者がPythonに他に類を見ないほど手慣れているのは明らかで、プロとしての経験を活かして読者に対して、よくあるバグや失敗モードについて警告してくれる。さらに、Python 2.XとPython 3.Xとの間のきわどい差異を見事に示してくれて、各種のPython間での移行の再教育コースの役割を果たしてくれる。

Katherine Scott、Tempo Automation ソフトウェアリード

これは、初心者にも経験豊かなプログラマにもどちらにとっても素晴らしい本だ。コード例と説明とはよく考え抜かれており、簡潔かつ完璧に説明してくれる。

C. Titus Brown、カリフォルニア州立大学デービス校准教授

高度なPython利用とより明確でより保守性が良いソフトウェアを構築するために、これは非常に役立つ本だ。Pythonスキルを一段階高めたいと考えているなら誰でも、この本の助言を実際に活用することで利益が得られるだろう。

Wes McKiney、pandas開発者、Pythonによるデータ分析入門──NumPy、pandasを使ったデータ処理（オライリー・ジャパン、2013）の著者、Cloudera ソフトウェアエンジニア

愛すれど先立ちし我等の家族に捧ぐ*1

---

*1　訳注：原文は、To our family, loved and lost。原著者からは、This book is dedicated to the members of our family that have passed away. We love you very much and miss you. ということだと教わった。

日本語版へ寄せて

　この十年間に何度か日本に旅行する機会がありました。素晴らしいところだし、もっと訪問したいと願う場所です。

　日本に来て、最も印象深いのが建築です。特に、伝統的な日本建築は素晴らしいものです。引き戸、畳、多方面に使える空間、建築の内部と外観との調和など数え上げたらきりがありません。外から見た限りでは、これらの建物は非常に単純で、安らかな気持ちを抱かせます。その背後に行けば、複雑で厳正な設計に感銘を受けます。設計のスタイルは、そういう複雑さを隠蔽して、建物を優雅でしかも実用に耐えるものと感じさせます。

　多くの点で、伝統的な日本建築の特性は、プログラミング言語Pythonの備えている特長を思い起こさせるものです。Pythonには強力な機能がありますが、その複雑さを単純な構造で隠蔽しているのでわかりやすいのです。Pythonは、バイオ、スーパーコンピュータ、芸術、ロボティックス、ゲームなどあらゆる種類の問題を解くのに使うことができます。Pythonは表現の多様さと簡明さとの間で絶妙のバランスを保っています。

　私が書いた『Effective Python』が日本語に訳されると聞いてとても嬉しかったのです。何年か前に、横浜の国際会議でGoogle App Engineの講演をしました。その時に、日本の開発者たちと大好きなテーマであるPythonについて議論する機会がありました。本書の日本語訳によって、その機会が再度訪れたのを喜んでいます。

　翻訳者の黒川利明氏はとてもいい翻訳をしてくれました。翻訳作業を通じて親しく仕事をする機会に恵まれました。細部に渡って注意してくれたのが印象的です。英語版そのもののコード例や細かい部分の修正に彼の報告が非常に役立ちました。一緒に仕事することができて感謝しています。この翻訳が優れたものであることを確信しています。

読者の皆さんが、この本を読んで良かったと思い、私のアドバイスを役に立つと思ってくださることを期待しています。読んでくれてありがとう！

2015年サンフランシスコにて

Brett Slatkin

まえがき

　プログラミング言語Pythonは、ユニークな強みと魅力とを備えていますが、それをきちっと把握するのは容易ではありません。他の言語をよく知っているプログラマは、Pythonの表現能力のすべてを受け入れないで、ある限られた偏見を持ったままでPythonに取り組むことが多いようです。プログラマによっては、反対に、Pythonの機能を使いすぎて、後になって大きな問題を引き起こすことがあります。

　本書はPython流のプログラムの書き方、Pythonを使う最良の方法についての洞察を与えます。読者の皆さんがすでにお持ちのはずのPython言語についての基本的な理解に基づいています。初心者なら、Pythonの能力を活かす最良の実践法を学ぶことができます。経験者なら、この新たなツールの風変わりなところを確実にものにするにはどうすればよいかを学ぶことができます。

　本書は、Pythonで偉大な仕事ができる準備を整えてもらうことを目標としています。

本書の内容

　本書の各章は広範囲だが関係した項目を含んでいます。項目間は興味に従って自由に拾い読みして構いません。各項目には、Pythonプログラムをもっと効率的に書くにはどう書けばよいか説明する簡潔で具体的なガイドがあります。項目には、何をすればよいか、何を避けるべきか、正しいバランスを保つにはどうするか、なぜこれが最適な選択なのかという助言も含まれます。

　本書の項目は、Python 3プログラマでもPython 2プログラマでも同様に使えます（「項目1　使っているPythonのバージョンを知っておく」参照）。Jython、IronPython、PyPyのような他のランタイムを使っているプログラマにも、ほとんどの項目が役立ちます。

1章　Python流思考（Pythonic Thinking）

　Pythonコミュニティでは、ある種のスタイルで書かれたコードを*Python流*（*Pythonic*）と形容します。Pythonのイディオム（慣用句）は、この言語を使い仲間と作業する経験から時

間を掛けて発展してきました。この章では、Pythonのもっとも基礎的な部分の、最良の方法を扱います。

2章　関数

Pythonの関数には、プログラマを助けるためのさまざまな機能があります。一部は、他のプログラミング言語にある機能と同様ですが、多くはPythonに特有のものです。この章では、関数をどのように使えば、意図を明確にして、再利用を促進し、バグを減らせるかを示します。

3章　クラスと継承

Pythonはオブジェクト指向言語です。Pythonで作業するには、しばしば、新たなクラスを書いて、その相互作用を、インタフェースと階層とを介して定義する必要があります。この章では、オブジェクトとの意図した振る舞いをクラスと継承とをどのように使って表現するかを扱います。

4章　メタクラスと属性

メタクラスと動的属性とは、Pythonの強力な機能です。ところが、これらは、予測を超えた信じられないような振る舞いまでも実装することが可能となります。この章では、「驚き最小の原則（rule of least surprise）」[*1]を破らずに、これらの仕組みを利用する、よく知られたイディオム（用法）を扱います。

5章　並行性と並列性

Pythonは、見かけ上同じ時間内に多くの異なることを実行する並行プログラムを容易に書けるようにしています。Pythonでは、システムコール、サブプロセス、C拡張によって並列作業を行うこともできます。この章では、このようなさまざまな状況下でどのようにすればPythonを最も上手に活用できるかを扱います。

6章　組み込みモジュール

Pythonをインストールすると、プログラムを書くときに必要となる重要なモジュールが多数付属してきます。これらの標準パッケージは、Pythonのイディオムと密接に関係していますから、Pythonの言語仕様の一部と考えることすらできます。この章では、基本的な組み込みモジュールを扱います。

---

*1　訳注：Principle of least astonishmentとも言う。プログラミングだけでなくユーザインタフェースや人間工学でも用いられる原則。最も自然に思えるようなものを優先すべきであるということ。Wikipediaに説明項目がある。

7章　協働作業 (コラボレーション)

Pythonプログラムで協働作業を行うには、コードをどのように書くかについて、よく考えておかねばなりません。一人で作業している場合でも、他人が書いたモジュールをどのように使うとよいか理解する必要があります。この章では、Pythonプログラムで一緒に作業できるようにする標準的なツールやベストプラクティスを扱います。

8章　本番運用準備

Pythonには、複数の利用環境に対応できるような機能が備わっています。さらに、堅牢で安全なプログラムの開発に役立つ組み込みモジュールがあります。この章では、Pythonをどのように使えば、プログラムの品質を最大化して、実行時に最高の性能を上げるようにデバッグ、最適化、試験をできるかを扱います。

本書の表記法

本書でのPythonのコード例は、固定幅フォントで書かれ、構文ハイライトを施しています[*1]。Pythonスタイルガイドのライセンスを受けており、本書に適したように、また、最も重要な部分をハイライトするようにしています。行が長すぎるときには、➡文字を使って折り返しを示します。「#...」という注釈で、コードがあるけれど本質的ではないので省略した箇所を示します。コード例のサイズを抑えるために埋め込み文書も省略しました。実際のプロジェクトでは、こんなことを決してしてはなりません。スタイルガイド(「項目2　PEP 8スタイルガイドに従う」参照)に従って、文書化(「項目49　すべての関数、クラス、モジュールについてドキュメンテーション文字列を書く」参照)をしてください。

本書のほとんどのコード例には、実行出力結果を載せています。「出力」というのは、コンソールや端末出力のことです。対話的なインタプリタでPythonプログラムを実行させたときに目にするものです。出力部分は、固定幅フォントで>>>行 (Pythonプロンプト) から始まります。これは、Pythonシェルでコード例をタイプすれば、期待される出力が得られるというアイデアです。

最後に、>>>行がないのに、固定幅フォントで示されている部分があります。これは、Pythonインタプリタ以外のプログラム実行による出力です。これらの例は$記号で始まることが多いのですが、これは、Bashのようなコマンド行シェルでプログラムを実行したことを示します。

[*1]　訳注：本訳書では、モノクロ印刷のためカラーハイライトを施していないが、PDF版では原書と同じになっている。

コードと訂正はどこを見ればよいか

余計な部分を取り除いて、本書のコード例のプログラムを全体として見ることができると色々と役に立ちます。読者がコードを修正して、本書で述べられたようにプログラムがどのように動いているかを理解する機会も得られます。本書のウェブサイト（http://www.effectivepython.com/）から、すべてのコード例のソースコードが見つけられます[*1]。本書中の誤植などもウェブサイトに掲載されています。

謝辞

私のこれまでの人生における多数の人からの指導、支援、励ましなしには、本書は陽の目を見なかったことでしょう。

まず「Effective Software Development」シリーズのScott Meyersに感謝します。最初に、15歳の時に、『Effective C++』を読んで、この言語に惚れ込みました。Scottの本が大学での経験やGoogleでの最初の仕事へ導いてくれたことは疑いようがありません。本書を書く機会が得られて感動しました。

技術レビューアのBrett Cannon、Tavis Rudd、Mike Taylorは、深く徹底したフィードバックをしてくれました。Leah CulverとAdrian Holovatyは、本書のアイデアを励ましてくれました。友人のMichael Levine、Marzia Nicolai、Ade Ohineye、Katrina Sostekは、本書の原稿を我慢強く読んでくれました。Googleでの同僚は、本書をレビューしてくれました。これらの方々の支援なしには、本書は正確性に欠けるものになったでしょう。

本書を実現するのに関わったすべての人に感謝します。編集者のTrina MacDonaldは、このプロセスを開始して、常に支援してくれました。作業を支援してくれたチーム、開発編集者のTom CirtinとChris Zahn、編集助手のOlivia Basegio、マーケティングマネージャのStephan Nakib、原稿編集者のSephanie Geels、進行担当のJulie Nahilに感謝します。

私が知っており一緒に働いた素晴らしいPythonプログラマ、Anthony Baxter、Brett Cannon、Wesley Chun、Jeremy Hylton、Alex Martelli、Neal Norwitz、Guido van Rossum、Andy Smith、Greg Stein、Ka-Ping Yeeに感謝します。皆さんの指導とリーダーシップを高く評価しています。Pythonには優れたコミュニティがあり、その一員であることを幸運に感じています。

長年のチームメートには、最悪のプレイヤーであっても受け入れてくれて感謝しています。Kevin Gibbsは、リスクを取るのを助けてくれました。Ken Ashcraft, Ryan Barrett, Jon McAlisterは、どのようにしてやり遂げるかを示してくれました。Brad Fitzpatrickは、次のレベルをもたらして

[*1] 訳注：ウェブサイトにリンクがあるが、GitHub（https://github.com/bslatkin/effectivepython）にコード例と誤植訂正の一覧がある。通知をeメールで受け取るようにしたり、Twitterをフォローすることもできる。

くれました。Paul McDonaldは一緒に気違いじみたプロジェクトを創設してくれました。Jeremy Ginsbergと Jack Hebertは、実現を手助けしてくれました。

私を啓発してくれたプログラミングの教師達、Ben Chelf、Vince Hugo、Russ Lewin、Jon Stemmle、Derek Thomson、Daniel Wangに感謝します。皆さんの指導なしには、技能を身につけて、他人に教えるのに必要な知見を得ることはできなかったでしょう。

母のお陰で、明確な目標を持つことができ、母の励ましでプログラマになることができました。兄、祖父母、他の家族や子供の頃の友達は、私の成長での模範となり、生き甲斐を見つけるのを助けてくれました。

最後に、妻のColleenには、人生を共にする上でのその愛情、支え、そして笑顔に感謝します。

著者について

Brett Slatkinは、Google社のシニアスタッフソフトウェアエンジニア。Google Consumer Surveysの共同創立者でエンジニアリングリードを務める。それ以前は、Google App Engineの Pythonインフラストラクチャを担当していた。彼は、PubSubHubbubプロトコルの共同作成者である。9年前に、彼はGoogleの膨大なサーバ群を管理するためにPythonを使い始めた。

業務外では、オープンソースのツールを開発し、自分のウェブサイト (http://www.onebigfluke. com/) でソフトウェア、自転車、その他の話題について書いている。彼は、ニューヨーク市のコロンビア大学でコンピュータエンジニアリングの学位を取得し、サンフランシスコに住んでいる。

目次

推薦の言葉 ··· v

日本語版へ寄せて ··· ix

まえがき ··· xi

1章　Python流思考（Pythonic Thinking） ························· 1

項目 1 ：使っている Python のバージョンを知っておく ··············· 1

項目 2 ：PEP 8 スタイルガイドに従う ······························· 3

項目 3 ：bytes, str, unicode の違いを知っておく ····················· 5

項目 4 ：複雑な式の代わりにヘルパー関数を書く ····················· 8

項目 5 ：シーケンスをどのようにスライスするか知っておく ··········· 10

項目 6 ：1つのスライスでは、start, end, stride を使わない ··········· 13

項目 7 ：map や filter の代わりにリスト内包表記を使う ··············· 15

項目 8 ：リスト内包表記には、3つ以上の式を避ける ················· 16

項目 9 ：大きな内包表記にはジェネレータ式を考える ················· 18

項目 10：range よりは enumerate にする ···························· 20

項目 11：イテレータを並列に処理するには zip を使う ················· 21

項目 12：for と while ループの後の else ブロックは使うのを避ける ······ 23

項目 13：try/except/else/finally の各ブロックを活用する ·············· 26

xviii | 目次

2章　関数 ·· **29**

項目14：Noneを返すよりは例外を選ぶ ·· 29

項目15：クロージャが変数スコープとどう関わるかを知っておく ······ 31

項目16：リストを返さずにジェネレータを返すことを考える ············ 35

項目17：引数に対してイテレータを使うときには確実さを尊ぶ ········· 38

項目18：可変長位置引数を使って、見た目をすっきりさせる ············ 42

項目19：キーワード引数にオプションの振る舞いを与える ··············· 44

項目20：動的なデフォルト引数を指定するときにはNoneとドキュメンテーション
　　　　文字列を使う ··· 47

項目21：キーワード専用引数で明確さを高める ····························· 50

3章　クラスと継承 ·· **55**

項目22：辞書やタプルで記録管理するよりもヘルパークラスを使う ···· 55

項目23：単純なインタフェースにはクラスの代わりに関数を使う ······· 61

項目24：@classmethodポリモルフィズムを使ってオブジェクトをジェネリックに
　　　　構築する ·· 64

項目25：親クラスをsuperを使って初期化する ····························· 69

項目26：多重継承はmix-inユーティリティクラスだけに使う ··········· 74

項目27：プライベート属性よりはパブリック属性が好ましい ············ 78

項目28：カスタムコンテナ型はcollections.abcを継承する ·············· 83

4章　メタクラスと属性 ·· **87**

項目29：getやsetメソッドよりも素のままの属性を使う ·················· 87

項目30：属性をリファクタリングする代わりに@propertyを考える ···· 91

項目31：再利用可能な@propertyメソッドにディスクリプタを使う ····· 95

項目32：遅延属性には__getattr__, __getattribute__, __setattr__ を使う ···100

項目33：サブクラスをメタクラスで検証する ······························· 106

項目34：クラスの存在をメタクラスで登録する ···························· 108

目次 | **xix**

項目35：クラス属性をメタクラスで注釈する ································ 112

5章　並行性と並列性　　　　　　　　　　　　　　　　**117**

項目36：subprocessを使って子プロセスを管理する ···················· 117

項目37：スレッドはブロッキングI/Oに使い、並列性に使うのは避ける ·········· 122

項目38：スレッドでのデータ競合を防ぐためにLockを使う ················ 126

項目39：スレッド間の協調作業にはQueueを使う ····················· 129

項目40：多くの関数を並行に実行するにはコルーチンを考える ·············· 136

項目41：本当の並列性のためにconcurrent.futuresを考える ·············· 145

6章　組み込みモジュール ································ **149**

項目42：functools.wrapsを使って関数デコレータを定義する ············· 149

項目43：contextlibとwith文をtry/finallyの代わりに考える ············· 151

項目44：copyregでpickleを信頼できるようにする ·················· 155

項目45：ローカルクロックにはtimeではなくdatetimeを使う ············· 161

項目46：組み込みアルゴリズムとデータ構造を使う ···················· 165

項目47：精度が特に重要な場合はdecimalを使う ····················· 169

項目48：コミュニティ作成モジュールをどこで見つけられるかを知っておく ·········· 172

7章　協働作業（コラボレーション） ················· **175**

項目49：すべての関数、クラス、モジュールについてドキュメンテーション文字列を
書く ··· 175

項目50：モジュールの構成にパッケージを用い、安定なAPIを提供する ········· 179

項目51：APIからの呼び出し元を隔離するために、ルート例外を定義する ········ 184

項目52：循環依存をどのようにして止めるか知っておく ················· 187

項目53：隔離された複製可能な依存関係のために仮想環境を使う ············ 192

8章 本番運用準備 199

項目54：本番環境を構成するのにモジュールスコープのコードを考える 199

項目55：出力のデバッグには、repr文字列を使う 201

項目56：unittestですべてをテストする 204

項目57：pdbで対話的にデバッグすることを考える 207

項目58：最適化の前にプロファイル 209

項目59：メモリの使用とリークを理解するにはtracemallocを使う 213

訳者あとがき 217

参考文献 221

索引 223

1章
Python流思考
(Pythonic Thinking)

プログラミング言語のイディオム（慣用句）は、ユーザによって定義されます。何年もかけて Python コミュニティは *Python流*（*Pythonic*）という形容を特別なスタイルのコードの記述に用いるようになりました。Python スタイルは、コンパイラによって統制されているわけでも強制されているわけでもありません。Python 言語を使い仲間と作業する経験から時間を掛けて発展してきたものです。Python プログラマは、明示すること、複雑さよりは単純さを選ぶこと、可読性を最大化することを好みます（import this とタイプしてみてください）。[*1]

他の言語に馴染んだプログラマは、Python をあたかも、C++、Java あるいは一番よく知っている言語と同じであるかのように書こうとするものです。新人プログラマは、Python で表現可能な膨大な範囲の概念で満足しているかもしれません。すべての人が、Python で基礎的な部分を利用する最良の方法——Python流——を知っておくことが重要です。そのパターンは、読者が書くすべてのプログラムに影響します。

項目1：使っているPythonのバージョンを知っておく

本書では、コード例の大半が Python 3.4（2014年3月17日リリース）の構文に従います。重要な相違点を示すために Python 2.7（2010年7月3日リリース）構文の例もいくつか示します。本書の助言のほとんどは、一般的な Python ランタイム、CPython、Jython、IronPython、PyPy などで有効です。

多くのコンピュータには、標準 CPython ランタイムの複数のバージョンがプリインストールされています。しかし、コマンドラインで python と入力した時の、デフォルト値は明らかだとは限りません。python は通常、python2.7 のエリアス（別名）ですが、古い版の python2.6 や python2.5 のエリアスのこともあります。自分が使っている Python のバージョンを正確に知るためには、--version

---

[*1] 訳注：Python インタプリタに import this とタイプすると、The Zen of Python, by Tim Peters の内容が印字される。

2 | 1章 Python流思考 (Pythonic Thinking)

フラッグを使います。

```
$ python --version
Python 2.7.8
```

Python 3は、通常python3で使えます[*1]。

```
$ python3 --version
Python 3.4.2
```

使っているPythonのバージョンを実行時にsys組み込みモジュールの値を調べて確認できます。

```
import sys
print(sys.version_info)
print(sys.version)

>>>
sys.version_info(major=3, minor=4, micro=2,
➡releaselevel='final', serial=0)
3.4.2 (default, Oct 19 2014, 17:52:17)
[GCC 4.2.1 Compatible Apple LLVM 6.0 (clang-600.0.51)]
```

Python 2とPython 3は、Pythonコミュニティでしっかり保守されています。Python 2は障害対応、セキュリティ問題の解消及びPython 2からPython 3への移行を容易にするバックポート作業を除いては凍結されています。Python 3への移行を容易にする2to3やsixというような役立つツールもあります。

Python 3には新たな機能や改善が常に行われていますが、これらは決してPython 2には付け加えられません。本書執筆時点で、Pythonのよく使われるオープンソースライブラリの多数がPython 3準拠となっています。次のPythonプロジェクトでは、Python 3を使うことを強く勧めます。

覚えておくこと

- Pythonには、Python 2とPython 3という2つのバージョンが使われている。
- Pythonには、CPython, Jython, IronPython, PyPyなど複数のランタイムがある。
- システムのコマンドラインで実行するPythonが、期待しているバージョンであることを確かめておく。
- 次のプロジェクトでは、Pythonコミュニティの焦点になっているPython 3を選ぶ。

[*1]　訳注：本書全体で、システム環境はApple OS XないしはUbuntuなどのLinux環境が仮定されている。訳者のところのようなWindows環境では、デフォルトでPythonがインストールされていないので、Python 3を別途インストールする必要がある。そのために、ここで例示されているコマンドラインのプロンプトなども変わってくる。

項目2：PEP 8スタイルガイドに従う

PEP 8として知られているPython拡張提案（Enhancement Proposal）#8は、Pythonのコードをどうフォーマットするかのスタイルガイドです。Pythonのコードは、正しい構文である限りは、好きなように書いてよいのです。

しかし、一貫したスタイルに従えば、コードがより扱いやすく、より読みやすくなります。より大きなコミュニティで他のPythonプログラマと共通のスタイルを分かち合うことで、プロジェクトでの協働作業が捗ります。たとえ、自分のコードを読む人が自分以外にいなくても、スタイルガイドに従えば、後の変更作業が容易になります。

PEP 8には、明確なPythonコードをどのように書けばよいかの詳細が豊富です。Python言語の進化とともに、継続的に更新されています。オンラインで（https://www.python.org/dev/peps/pep-0008/）ガイド全体を読んでおく価値があります。従うべき規則のいくつかを次に示します。

空白

Pythonでは、空白が構文上意味を持ちます。Pythonプログラマは、コードが明白であるために、空白の効果とその影響に特に気を付けます。

- インデントには、タブではなく空白を使う。
- 構文上意味を持つレベルのインデントには、4個の空白を使う。
- 各行は、長さが79文字かそれ以下とする。
- 長い式を次の行に続けるときは、通常のインデントに4個の空白を追加してインデントする。
- ファイルでは、関数とクラスは、2行の空白行で分ける。
- クラスでは、メソッドは、空白行で分ける。
- リストの添字、関数呼び出し、キーワード引数代入では、前後に空白を置かない。
- 変数代入の前後には、空白を1つ、必ず1つだけを置く。

名前付け

PEP 8は、言語の異なる要素ごとに他と異なるスタイルを推奨しています。これは、コードを読むときに、名前がどの種類なのかを区別しやすくします。

- 関数、変数、属性は、`lowercase_underscore`のように小文字で下線を挟む。
- プロテクテッド属性は、`_leading_underscore`のように下線を先頭につける。
- プライベート属性は、`__double_underscore`のように下線を2つ先頭につける。
- クラスと例外は、`CapitalizedWord`のように先頭を大文字にする。
- モジュールレベルの定数は、`ALL_CAPS`のようにすべて大文字で下線を挟む。

- クラスのインスタンスメソッドは、（オブジェクトを参照する）第1仮引数の名前にselfを使う。
- クラスメソッドは、（クラスを参照する）第1仮引数の名前にclsを使う。

式と文

The Zen of Python[*1]には、「明らかなやり方が1つ、できれば1つだけあるのがよい」と書かれています。PEP 8は、これを体系化し、実際に式と文を記述するためのガイダンスです。

- 式全体を否定（if not a is b）するのではなく、否定判定演算子（if a is not b）を使う[*2]。
- 長さを使って（if len(somelist) == 0）空値（[]や''など）かどうかをチェックしない。if not somelistを使って、空値が暗黙にFalseと評価されることを使う。
- 上と同じことが、非空値（[1]や'hi'など）にも言える。非空値について、文if somelistは、暗黙にTrueと評価される。
- 1行のif文、forとwhileのループ、except複合文を書かない。明確さのために複数行にする。
- import文は常にファイルの先頭に置く。
- インポートするときは、常にモジュールの絶対名を使い、現モジュールのパスからの相対名を使わない。例えば、モジュールfooをパッケージbarからインポートするときには、import fooではなくfrom bar import fooを使う。
- 相対インポートを使わなければならない時には、明示的な構文from . import fooを使う。
- インポートは次の順序に分けて行う。標準ライブラリモジュール、サードパーティのモジュール、自分のモジュール。各部分では、アルファベット順にインポートする。

Pylint（http://www.pylint.org/）ツールがPythonソースコードの統計分析によく使われる。Pylintは、自動でPEP 8スタイルガイドに沿っているか確認して、Pythonプログラムでよく見られる他の種類のエラーも検出する。

覚えておくこと

- Pythonコードを書くときには常にPEP 8スタイルガイドに従う。

[*1] 訳注：最初に述べたように、インタプリタからimport thisでも出力されるが、PEP 20として採用されている方針でもある。この文章も含めてさまざまな訳がある。題名そのものはPythonの心構え、直訳すればPython（の）禅。

[*2] 訳注：PEP 8では、not ... isではなくis notとある。この文章はnot inや!=も含めての注意と訳者は読んだ。

項目3：bytes, str, unicodeの違いを知っておく | **5**

- より大きなコミュニティの共通スタイルを分かち合うことで、他の人との協働作業が捗る。
- 一貫したスタイルを用いることで、自分のコードを後で修正するのがやさしくなる。

項目3：bytes, str, unicodeの違いを知っておく

　Python 3では、文字列を表すのにbytesとstrの2種類があります。bytesのインスタンスは、生の8ビット値を含み、strのインスタンスは、Unicode文字を含みます。

　Python 2では、文字列を表すのにstrとunicodeの2種類があります。Python 3とは対照的に、strのインスタンスは、生の8ビット値を含み、unicodeのインスタンスは、Unicode文字を含みます。

　Unicode文字をバイナリ（生の8ビット値）で表すには多くの手法があります。一番多いのは、UTF-8符号化です。重要なのは、Python 3のstrインスタンスとPython 2のunicodeインスタンスが、バイナリ符号化を伴っていないことです。Unicode文字をバイナリデータに変換するには、メソッドencodeを使わなければなりません。バイナリデータをUnicode文字に変換するには、メソッドdecodeを使わなければなりません。

　Pythonプログラムを書くとき、インタフェースの一番外側の境界線でUnicodeの符号化と復号化をしておくことが重要です。プログラムの核心では、Unicode文字型（Python 3のstr、Python 2のunicode）を使い、文字の符号化については一切仮定してはなりません。この方式なら、他の文字符号化（例えば、Latin-1、シフトJIS、Big5など）を受け入れつつ、自分の出力文字の符号化（理想的にはUTF-8）をそのままにしておくことができます。

　文字型のこの分裂状態の結果として、Pythonコードでは次のようによく見られる2つの状況が生じます。

- UTF-8符号化（または他の符号化）文字の生の8ビット値を操作する。
- 符号化を指定しないUnicode文字を操作する。

　この2つの状況間を変換して、入力値の種類がコードが期待するものとなっていることを確認する2つのヘルパー関数が必要となるでしょう。

　Python 3では、strかbytesを入力として、常にstrを返す次のメソッドが必要となります。

```python
def to_str(bytes_or_str):
    if isinstance(bytes_or_str, bytes):
        value = bytes_or_str.decode('utf-8')
    else:
        value = bytes_or_str
    return value  # strのインスタンス
```

strかbytesを入力として、常にbytesを返す次のメソッドも必要でしょう。

6 | 1章　Python流思考 (Pythonic Thinking)

```python
def to_bytes(bytes_or_str):
    if isinstance(bytes_or_str, str):
        value = bytes_or_str.encode('utf-8')
    else:
        value = bytes_or_str
    return value  # bytesのインスタンス
```

Python 2では、strかunicodeを入力として、常にunicodeを返す次のメソッドが必要でしょう。

```python
# Python 2
def to_unicode(unicode_or_str):
    if isinstance(unicode_or_str, str):
        value = unicode_or_str.decode('utf-8')
    else:
        value = unicode_or_str
    return value  # unicodeのインスタンス
```

strかunicodeを入力として、常にstrを返す次のメソッドも必要でしょう。

```python
# Python 2
def to_str(unicode_or_str):
    if isinstance(unicode_or_str, unicode):
        value = unicode_or_str.encode('utf-8')
    else:
        value = unicode_or_str
    return value  # strのインスタンス
```

Pythonで生の8ビット値とUnicode文字を扱うときに、理解しておくべき大事なことが2つあります。

第一は、Python 2において、strに7ビットASCII文字しか含まれない時には、unicodeとstrのインスタンスとが同じ型に見えることです。

- そのようなstrとunicodeとを＋演算子で結合できる。
- そのようなstrとunicodeのインスタンスを等号または不等号演算子で比較できる。
- unicodeインスタンスを'%s'のようなフォーマット文字列に使うことができる。

このような振る舞いはすべて、strかunicodeのインスタンスを、どちらかを期待する関数に受け渡しても（7ビットASCII文字だけを扱っている限りは）良くて、きちんと動作することを意味します。Python 3では、bytesとstrとのインスタンスが、等しくなることは、たとえ空文字列であってさえも、ありませんから、受け渡す文字列の型については、もっと慎重に扱う必要があります。

第二点は、Python 3においては、（組み込み関数のopenで返される）ファイルハンドルに絡む操作は、デフォルトでUTF-8符号化だということです。Python 2では、ファイル操作はバイナリのまま

変換されません。これは、Python 2に慣れ親しんだプログラマだとびっくりするような失敗を引き起こします。

例えば、乱数バイナリデータをファイルに書き込むとします。Python 2では、次のでよいのですが、Python 3では、動きません。

```
with open('random.bin', 'w') as f:
    f.write(os.urandom(10))
>>>
TypeError: must be str, not bytes
```

この例外の原因は、Python 3で新たに追加されたopenのencoding引数にあります。この仮引数のデフォルト値は、'utf-8'です。そこで、ファイルハンドルを操作するreadやwriteは、バイナリデータを含むbytesインスタンスではなく、Unicode文字を含むstrインスタンスを予期するわけです。

このコードを正しく働くようにするには、データを文字書き込みモード('w')ではなく、バイナリ書き込みモード('wb')でopenしなければなりません。次では、Python 2でもPython 3でも正しく働くようにopenを使います。

```
with open('random.bin', 'wb') as f:
    f.write(os.urandom(10))
```

この問題は、ファイルからのデータの読み込みでも生じます。解決法は同じです。ファイルをオープンするときに、'r'ではなく'rb'を使ってバイナリモードにするのです。

覚えておくこと

- Python 3では、bytesは8ビット値の列を含み、strはUnicode文字列を含む。bytesとstrとのインスタンスは、(>や+のような)演算子で一緒に使うことができない。
- Python 2では、strは8ビット値の列を含み、unicodeはUnicode文字列を含む。strとunicodeとは、strが7ビットASCII文字だけを含むなら演算で一緒に使うことができる。
- ヘルパー関数を使って、操作する入力が期待している(8ビット値、UTF-8符号化文字、Unicode文字など)文字列型になっていることを確かめる。
- ファイルにバイナリデータを読み書きするには、常に、('rb'または'wb'のような)バイナリモードでオープンする。

項目4：複雑な式の代わりにヘルパー関数を書く

Pythonの簡潔な構文は、多数のロジックを実装した1行の式をたやすく書けるようにします。例えば、URLのクエリー文字列を復号したいとしましょう。クエリー文字列引数は、実は整数値を表しているのだとします。

```
from urllib.parse import parse_qs
my_values = parse_qs('red=5&blue=0&green=',
                      keep_blank_values=True)
print(repr(my_values))

>>>
{'red': ['5'], 'green': [''], 'blue': ['0'] }
```

実際のクエリー文字列引数の中には、複数値を持つものもあれば、単一値を持つもの、存在するが空白値を持つもの、まったく値が存在しないのまであるでしょう。結果の辞書（dictionary）にメソッドgetを使うと、それぞれの状況に応じて異なる値を返します。

```
print('Red:      ', my_values.get('red'))
print('Green:    ', my_values.get('green'))
print('Opacity:  ', my_values.get('opacity'))

>>>
Red:      ['5']
Green:    ['']
Opacity:  None
```

値がなかったり、空白の場合はデフォルト値を0にするほうが良さそうです。if文やヘルパー関数を使うほどのロジックではないから、論理式（Boolean expression）を選択することもできます。

Pythonでは、この選択肢はあまりにも簡単です。トリックの種は、空文字列、空リスト、ゼロがすべて暗黙にFalseと評価されることです。したがって、次の式は、最初の部分式がFalseなら演算子orの後の部分式に評価されます。

```
# クエリー文字列 'red=5&blue=0&green=' に対して
red = my_values.get('red', [''])[0] or 0
green = my_values.get('green', [''])[0] or 0
opacity = my_values.get('opacity', [''])[0] or 0
print('Red:      %r' % red)
print('Green:    %r' % green)
print('Opacity: %r' % opacity)

>>>
```

```
Red:       '5'
Green:   0
Opacity: 0
```

redの場合は、キーがmy_values辞書にあります。値は、1要素、文字列'5'のリストです。この文字列は暗黙にTrueと評価されるので、redにはor式の最初の部分が代入されます。

greenの場合は、my_values辞書の値が、1要素、空文字列のリストです。空文字列は、暗黙にFalseと評価されるので、or式は、0と評価されます。

opacityの場合は、my_values辞書に値がまったくありません。getメソッドの振る舞いは、辞書にキーが存在しなけば、第2引数を返します。この場合の暗黙値は、1要素、空文字列のリストです。opacityが辞書に見つからないとき、このコードはgreenの場合と同じことをします。

しかしながら、上の式は読みにくく、必要なことのすべてを行うわけではありません。すべての引数値が整数で、それらを数式で使えることを保証したいということもあるでしょう。そのためには、各式を組み込み関数intでラップして文字列を整数にパースします。

```python
red = int(my_values.get('red', [''])[0] or 0)
```

これはもう非常に読みにくいものです。ノイズがたくさん目につきます。コードは簡単に扱えません。このコードを初めて読む人は、実際には何をしているか理解するために式をばらすのに時間を食うことでしょう。短くすることはよいことでしょうが、これらすべてを1行に収めるほどの価値はありません。

Python 2.5では、if/else条件式、すなわち3項式を導入して、このような場合にコードを短く保ちながら、より明確なようにしました。

```python
red = my_values.get('red', [''])
red = int(red[0]) if red[0] else 0
```

この方がよいです。あまり複雑でない状況では、if/else条件式は非常に明確です。しかし、この例の場合は、複数行にまたがる完全なif/else文ほどには明確ではありません。下のようにすべてのロジックがわかると、密度の濃い記法は以前よりも複雑に思えます。

```python
green = my_values.get('green', [''])
if green[0]:
    green = int(green[0])
else:
    green = 0
print('Green:   %r' % green)
```

ヘルパー関数を書くことが、特に、このロジックを繰り返し使う必要がある場合の解決法です。

10 | 1章 Python流思考 (Pythonic Thinking)

```python
def get_first_int(values, key, default=0):
    found = values.get(key, [''])
    if found[0]:
        found = int(found[0])
    else:
        found = default
    return found
```

呼び出しコードは、orを使った複合式やif/else条件式を使った2行のものよりもずっと明確になります。

```python
green = get_first_int(my_values, 'green')
```

式が複雑になってきたら、それは、より小さな部分に分けてロジックをヘルパー関数に移すことを考える時期です。読みやすさで得られる利益は常に、簡潔さがもたらした便益を上回ります。Pythonの簡潔な構文を、複雑な式を書くことで、ここに述べたような面倒を巻き起こさないようにしてください。

覚えておくこと

- Pythonの構文は、ただ複雑なだけで読みにくい1行の式をあまりにも書きやすくしている。
- 複雑な式は、特に、同じロジックを繰り返す必要がある場合には、ヘルパー関数にする。
- if/else条件式を使うと、orやandなどの論理演算子を使うよりも読みやすくなる。

項目5：シーケンスをどのようにスライスするか知っておく

Pythonには、シーケンスをスライスする構文があります。スライス演算を使うと、シーケンスの要素の部分集合に最小努力でアクセスできます。最も単純なスライス演算は、list, str, bytesという組み込み型で利用します。スライス演算は、__getitem__と__setitem__を実装しているどのようなPythonクラスにも使えます（「項目28 collections.abcからカスタムコンテナ型を継承する」を参照）。

スライス構文の基本形は、somelist[start:end]です。startの要素が含まれ、endの要素は含まれません。

```python
a = ['a', 'b', 'c', 'd', 'e', 'f', 'g', 'h']
print('First four:', a[:4])
print('Last four: ', a[-4:])
print('Middle two:', a[3:-3])

>>>
```

```
First four: ['a', 'b', 'c', 'd']
Last four:  ['e', 'f', 'g', 'h']
Middle two: ['d', 'e']
```

リストの先頭からスライスするときには、添字のゼロは省いて、見た目をスッキリさせましょう。

```
assert a[:5] == a[0:5]
```

末尾までスライスするときには、末尾の添字は冗長なので省きましょう。

```
assert a[5:] == a[5:len(a)]
```

スライスに負数を使うと、リストの末尾に関して計算するのが楽になります。スライスの次に挙げた形式はすべて、コードを初めて読む人にも明らかです。戸惑うことはないでしょうし、これらを使うことを勧めます。

```
a[:]     # ['a', 'b', 'c', 'd', 'e', 'f', 'g', 'h']
a[:5]    # ['a', 'b', 'c', 'd', 'e']
a[:-1]   # ['a', 'b', 'c', 'd', 'e', 'f', 'g']
a[4:]    #                     ['e', 'f', 'g', 'h']
a[-3:]   #                          ['f', 'g', 'h']
a[2:5]   #           ['c', 'd', 'e']
a[2:-1]  #           ['c', 'd', 'e', 'f', 'g']
a[-3:-1] #                          ['f', 'g']
```

スライスでは、リストの境界を超えた添字のstartとendも適切に扱われます。したがって、入力シーケンスを考慮して最大長を設定したコードもたやすく書けます。

```
first_twenty_items = a[:20]
last_twenty_items = a[-20:]
```

一方で、同じ添字に直接アクセスすると例外が起きます。

```
a[20]

>>>
IndexError: list index out of range
```

リストで、負の数を添字に使うことはスライスによって予期しない結果に出会う数少ない状況となります。例えば、式somelist[-n:]は、nが1より大きければ（例えばsomelist[-3:]）問題なく働きます。しかし、nがゼロなら、somelist[-0:]は、元のリストのコピーになってしまいます。

12 | 1章　Python流思考（Pythonic Thinking）

　リストをスライスした結果は、まったく新しいリストです。元のリストから、要素のオブジェクトへの参照はそのまま保たれます。スライスした結果のリストを修正しても元のリストには影響が及びません。

```
b = a[4:]
print('Before:   ', b)
b[1] = 99
print('After:    ', b)
print('No change:', a)

>>>
Before:    ['e', 'f', 'g', 'h']
After:     ['e', 99, 'g', 'h']
No change: ['a', 'b', 'c', 'd', 'e', 'f', 'g', 'h']
```

　代入に使うと、スライスは元のリストの指定範囲を置き換えます。(a, b = c[:2]のような) タプル代入の場合と異なり、代入するスライスの長さは、同じでなくても構いません。代入の前後でスライスの値は保全されています。リストは、新たな値に応じて延びたり縮んだりします。

```
print('Before ', a)
a[2:7] = [99, 22, 14]
print('After ', a)
>>>
Before ['a', 'b', 'c', 'd', 'e', 'f', 'g', 'h']
After  ['a', 'b', 99, 22, 14, 'h']
```

　スライスの時に、添字startとendとをともに省略すると、元のリストのコピーになります。

```
b = a[:]
assert b == a and b is not a
```

　添字startもendもないスライスに代入を行うと、(新しいリストが作成されるのではなくて) リストの内容全体が、右辺のリストが参照している要素に置き換わります。

```
b = a
print('Before', a)
a[:] = [101, 102, 103]
assert a is b          # 未だ同じリストオブジェクト
print('After ', a)     # 内容は今では変わっている
```

覚えておくこと

- 冗長を避ける。添字startに0を指定したり、endに列長を指定したりしない。

- スライスでは、境界外の添字startやendが許され、（a[:20]やa[-20:]のように）シーケンスの前後境界のスライスが簡単に表現できる。
- リストのスライスへの代入では、元のシーケンスの指定範囲が、たとえ長さが違っていても、参照されているもので置き換えられる。

項目6：1つのスライスでは、start, end, strideを使わない

基本的なスライス（「項目5　シーケンスをどのようにスライスするか知っておく」参照）の他に、Pythonには、somelist[start:end:stride]という形式でスライスの増分（stride）を規定する構文があります。これを使えば、シーケンスをスライスするときに、n番目ごとに要素を取り出せます。例えば、増分指定をすると、リストで奇数の添字のと偶数の添字のとでグループ分けが容易になります。

```
a = ['red', 'orange', 'yellow', 'green', 'blue', 'purple']
odds = a[::2]
evens = a[1::2]
print(odds)
print(evens)

>>>
['red', 'yellow', 'blue']
['orange', 'green', 'purple']
```

問題は、このstride構文がバグをもたらす予期せぬ振る舞いをすることがしばしばあることです。例えば、よくあるPythonでの巧妙な技法で、バイト列を逆転するのには、増分を−1にして文字列をスライスします。

```
x = b'mongoose'
y = x[::-1]
print(y)

>>>
b'esoognom'
```

これは、ASCII文字のバイト列にはうまく働きますが、UTF-8バイト列で符号化したUnicode文字列にはダメです。

```
w = '謝謝'
x = w.encode('utf-8')
y = x[::-1]
z = y.decode('utf-8')
```

14 | 1章 Python流思考 (Pythonic Thinking)

```
>>>
UnicodeDecodeError: 'utf-8' codec can't decode byte 0x9d in
➥position 0: invalid start byte
```

-1以外に負の増分が役に立つでしょうか？ 次の例を考えてみましょう。

```
a = ['a', 'b', 'c', 'd', 'e', 'f', 'g', 'h']
a[::2]    # ['a', 'c', 'e', 'g']
a[::-2]   # ['h', 'f', 'd', 'b']
```

　ここで、::2は、先頭から2番目ずつの要素を選ぶことを意味します。手が込んでいることに、::-2は、末尾からさかのぼって2番目ずつの要素を選びます。

　2::2は、何を意味すると思いますか。-2::-2と-2:2:-2と2:2:-2とについては、どうでしょうか。

```
a[2::2]     # ['c', 'e', 'g']
a[-2::-2]   # ['g', 'e', 'c', 'a']
a[-2:2:-2]  # ['g', 'e']
a[2:2:-2]   # []
```

　要点は、スライス構文のstride部分が極端に人を惑わせるということです。角括弧の中に数値が3つあることが、その密度からも十分に読みにくくなっています。さらに、startとendの添字がstride値に関係して、特に、strideが負の時に効果を持つので、働きが明らかでなくなります。

　このような問題を避けるには、startやendの添字と一緒にstrideを使わないことです。strideを使わなければならない時には、できる限り正の値にして、startとendの添字を省きます。strideをstartやendと一緒に使わなければならない時には、増分だけでの代入とスライスでの代入とに分けて使うよう考えましょう。

```
b = a[::2]  # ['a', 'c', 'e', 'g']
c = b[1:-1] # ['c', 'e']
```

　スライスしてから増分処理をすると、データのコピーが余分に生じます。最初の演算で、スライスの結果ができる限りサイズを減らすようにすべきです。プログラムに、2ステップにするだけの時間またはメモリの余裕がない場合には、組み込みモジュールitertoolsのisliceメソッド（「項目46 組み込みアルゴリズムとデータ構造を使う」参照）を使うことを検討しましょう。これは、start、end、strideに負の値を許しません。

覚えておくこと

- スライスで、start、end、strideを指定すると、非常に理解しにくいことがある。
- スライスでは、できるだけ正のstride値をstartかendのうちどちらか一方のみと一緒に使うよ

項目7：mapやfilterの代わりにリスト内包表記を使う | **15**

うにする。可能な限り、負のstride値を使わない。

● 1つのスライスにstart、end、strideを一緒に使わないようにする。3つすべてが必要なときには、2つの代入を使う（1つはスライスに、もう1つはstrideだけに）か、組み込みモジュールitertoolsのisliceを使うことを考える。

項目7：mapやfilterの代わりにリスト内包表記を使う

Pythonは、リストから新しいリストを導出するための簡潔な構文を備えています。この式は、**リスト内包表記**（list comprehension）と呼ばれます。例えば、リスト中の各数の平方を計算したいとしましょう。これを、入力シーケンスに計算式を与えて、次のように行うことができます。

```
a = [1, 2, 3, 4, 5, 6, 7, 8, 9, 10]
squares = [x**2 for x in a]
print(squares)

>>>
[1, 4, 9, 16, 25, 36, 49, 64, 81, 100]
```

この場合などは、リスト内包表記のほうが組み込み関数mapよりも明確になります[*1]。mapでは、次のように計算にlambda関数を作る必要があり、見た目にうるさく映ります。

```
squares = map(lambda x: x ** 2, a)
```

mapの場合と異なり、リスト内包表記では、入力リストから要素をフィルターで抜き出し、結果から対応する出力を取り除くことが容易です。例えば、2で割れる数だけ平方を計算したいとしましょう。次のように、リスト内包表記のループの後に条件式を付け加えるだけで、それができます。

```
even_squares = [x**2 for x in a if x % 2 == 0]
print(even_squares)

>>>
[4, 16, 36, 64, 100]
```

組み込み関数filterをmapと一緒に用いれば、同じ結果が得られますが、ずっと読みにくいです。

[*1]　訳注：引数が1つだけの関数があればmapを使ったほうが簡単だ。この例の場合でも、squareを次のように定義してmapを使うこともできるが、それでは無駄な関数定義ができるからよくないというのが原著者の見解。

```
def square(num):
    return num**2
squares=map(square,a)
```

16 | 1章 Python流思考（Pythonic Thinking）

```
alt = map(lambda x: x**2, filter(lambda x: x % 2 == 0, a))
assert even_squares == list(alt)
```

辞書と集合にもリスト内包表記に対応する表現式があります。これらは、アルゴリズムを書くとき
に、関連するデータ構造を作るのを容易にします。

```
chile_ranks = {'ghost': 1, 'habanero': 2, 'cayenne': 3}
rank_dict = {rank: name for name, rank in chile_ranks.items()}
chile_len_set = {len(name) for name in rank_dict.values()}
print(rank_dict)
print(chile_len_set)

>>>
{1: 'ghost', 2: 'habanero', 3: 'cayenne'}
{8, 5, 7}
```

覚えておくこと

- リスト内包表記は、余分な`lambda`式を必要としないので、組み込み関数の`map`や`filter`よりも
  明確だ。
- リスト内包表記は、入力リストから要素を抜き出すのが容易であり、これは、`filter`の助けな
  しには`map`で行えない。
- 辞書と集合も内包表記を使うことができる。

項目8：リスト内包表記には、3つ以上の式を避ける

基本的な使い方（「項目7　mapやfilterの代わりにリスト内包表記を使う」参照）の他に、リスト内
包表記では、複数レベルのループもサポートしています。例えば、行列（リストを要素とするリスト）
を平坦化して、すべての要素を1つのリストに含むようにしたいとしましょう。これを、2つの`for`
式を含むリスト内包表記を使って、次のように行います。式の実行順序は、左から右です。

```
matrix = [[1, 2, 3], [4, 5, 6], [7, 8, 9]]
flat = [x for row in matrix for x in row]
print(flat)

>>>
[1, 2, 3, 4, 5, 6, 7, 8, 9]
```

この例は単純で、読みやすく、複数ループの使い方も合理的です。複数ループのもう1つの合理的
な使い方は、深さ2の入力リストをコピーする場合です。例えば、2次元行列の各要素を二乗したい

項目8：リスト内包表記には、3つ以上の式を避ける | **17**

としましょう。次の式は、前よりも[]が多くてうるさいですが、まだ読みやすいです。

```
squared = [[x**2 for x in row] for row in matrix]
print(squared)

>>>
[[1, 4, 9], [16, 25, 36], [49, 64, 81]]
```

この式にもう1つループを含めると、リスト内包表記は長くなりすぎて、複数行に分割しないといけないでしょう[*1]。

```
my_lists = [
    [[1, 2, 3], [4, 5, 6]],
    # ...
]
flat = [x for sublist1 in my_lists
        for sublist2 in sublist1
        for x in sublist2]
```

この時点で、複数行の内包表記は、他の書き方に較べてずっと短いということがなくなります。通常のループ文を使って同じ結果が次のようにして得られます。この場合のインデント付けは、リスト内包表記よりもループ構造が明らかです。

```
flat = []
for sublist1 in my_lists:
    for sublist2 in sublist1:
        flat.extend(sublist2)
```

リスト内包表記は、複数のif条件もサポートしています。同一のループでの複数条件は、暗示的なand式となります。例えば、数のリストから、4より大きな偶数だけをフィルターして取り出したいとしましょう。次の2つのリスト内包表記は等価です。

```
a = [1, 2, 3, 4, 5, 6, 7, 8, 9, 10]
b = [x for x in a if x > 4 if x % 2 == 0]
c = [x for x in a if x > 4 and x % 2 == 0]
```

条件は、各レベルでのfor式の後に指定できます。例えば、行列に対して、要素が3で割りきれて、行方向での和が10以上というフィルターを考えましょう。これは、リスト内包表記で簡潔に書けますが、読み解くのはとても難しいです。

[*1] 訳注：これ以降も同じ# ...という表現が見られるが、GitHubのコード例では、完全なコードが掲載されている。宣言など、本書では省略されている部分も多い。

18 | 1章　Python流思考（Pythonic Thinking）

```
matrix = [[1, 2, 3], [4, 5, 6], [7, 8, 9]]
filtered = [[x for x in row if x % 3 == 0]
            for row in matrix if sum(row) >= 10]
print(filtered)

>>>
[[6], [9]]
```

　この例は少しひねくれていますが、実際には、このような式が丁度間に合うような状況に出会うこともあるでしょう。結果として得られるコードは、他の人には理解し難いものです。節約した行数は、後の面倒さを納得させられるものではありません。

　ざっくり言えば、リスト内包表記では、3つ以上の式を使うことは避けることです。2つの条件、2つのループ、1つの条件と1つのループまでです。これよりも複雑になったら、通常のifとfor文を使い、ヘルパー関数を書くべきです（「項目16　リストを返さずにジェネレータを返すことを考える」参照）。

覚えておくこと

- リスト内包表記は、複数レベルのループと、1つのループに複数の条件をサポートする。
- 3つ以上の式を使うリスト内包表記は、読むのが難しく、避けるべきだ。

項目9：大きな内包表記にはジェネレータ式を考える

　リスト内包表記（「項目7　mapやfilterの代わりにリスト内包表記を使う」参照）の問題は、入力シーケンスの各値に対して1つの要素を含むまったく新しいリストを作りかねないことです。入力が小量なら構わないのですが、入力が大量だと、膨大な量のメモリを消費して、プログラムのクラッシュを引き起こしかねません。

　例えば、ファイルを読み込んで、各行の文字数を返したいとします。これをリスト内包表記で行うと、メモリにファイルの各行の長さを保持する必要があるでしょう。ファイルが絶対的に大きかったり、決して終わりのないネットワークソケットだったりしたら、このリスト内包表記は問題です。次に示すのは、多くない入力値だけ扱うことのできるリスト内包表記の使い方です。

```
value = [len(x) for x in open('my_file.txt')]
print(value)

>>>
[100, 57, 15, 1, 12, 75, 5, 86, 89, 11]
```

　この問題を解くために、Pythonは、リスト内包表記とジェネレータを一般化した、ジェネレータ

式（generator expression）を提供しています。ジェネレータ式は、実行時には、出力シーケンス全体を実際に生成することはありません。その代わりに、ジェネレータ式の評価値は、イテレータで、式から1つずつ要素をyieldで出します。

ジェネレータ式は、リスト内包表記と同じ構文ですが、周囲を()で括る構文です。先ほど示したコードと等価なジェネレータ式を使ったものを次に示します。ただし、ジェネレータ式は直ちにイテレータに評価され、それ以上は何もしません。

```
it = (len(x) for x in open('my_file.txt'))
print(it)

>>>
<generator object <genexpr> at 0x101b81480>
```

返されたイテレータは、必要に応じて（組み込み関数nextを用いて）ジェネレータ式から次の出力を生成するように、1ステップずつ進めることができます。コードでは、メモリ使用量が爆発する危険を冒さないで、必要な分だけをジェネレータ式から取り出すように記述できます。

```
print(next(it))
print(next(it))

>>>
100
57
```

ジェネレータ式のもう1つの強力な成果は、組み合わせができることです。上のジェネレータ式から返されたイテレータを使って、別のジェネレータ式への入力とするコードを次に示します。

```
roots = ((x, x**0.5) for x in it)
```

このイテレータを1つ進めるごとに、これは内部のイテレータを進めて、ループし、条件式を評価し、入力と出力を渡していくというように、あたかもドミノ倒しのような効果を生成します。

```
print(next(roots))

>>>
(15, 3.872983346207417)
```

このような連鎖ジェネレータは、Pythonでは極めて高速に実行します。膨大な入力ストリームを操作する機能を構成する方法を探しているなら、ジェネレータ式こそ、そのための最適なツールです。ただし、ジェネレータ式が返すイテレータがステートフルだということをよく理解して、繰り返して使わないように気をつけなければなりません（「項目17 引数に対してイテレータを使うときには確実さを尊ぶ」参照）。

20 | 1章 Python流思考 (Pythonic Thinking)

覚えておくこと

- リスト内包表記は、大量の入力に対してメモリを使いすぎるという問題を引き起こす。
- ジェネレータ式は、イテレータとして出力を1つずつ生成するので、メモリ問題を回避する。
- ジェネレータ式は、ジェネレータ式から得られたイテレータを他のfor部分式に渡すことによって、組み合わせることができる。
- ジェネレータ式は、連鎖的に組み合わせると、非常に速く動く。

項目10：rangeよりはenumerateにする

組み込み関数rangeは、整数の集合上で繰り返すループに役立ちます。

```
random_bits = 0
for i in range(64):
    if randint(0, 1):
        random_bits |= 1 << i
```

文字列のリストのようなデータ構造で反復処理をする場合は、シーケンスで直接ループできます。

```
flavor_list = ['vanilla', 'chocolate', 'pecan', 'strawberry']
for flavor in flavor_list:
    print('%s is delicious' % flavor)
```

リストの反復処理で、リスト中の現在の要素の添字が必要なことがよくあります。例えば、好きなアイスクリームのフレーバーの順位を印字したいとしましょう。1つの方法は、rangeを使うことです。

```
for i in range(len(flavor_list)):
    flavor = flavor_list[i]
    print('%d: %s' % (i + 1, flavor))
```

これは、先ほどのflavor_listやrangeの反復例に比べてぎこちなく思えます。リストの長さが必要で、配列添字を使います。読むのが面倒です。

Pythonは、このような状況にふさわしい組み込み関数enumerateを提供しています。enumerateは、遅延評価ジェネレータでイテレータをラップします。このジェネレータは、ループの添字とイテレータの次の値をyieldします。結果のコードはずっと明確です。

```
for i, flavor in enumerate(flavor_list):
    print('%d: %s' % (i + 1, flavor))

>>>
1: vanilla
2: chocolate
```

項目11：イテレータを並列に処理するにはzipを使う | **21**

```
3: pecan
4: strawberry
```

enumerateがカウントを開始する数（この場合は1）を指定すれば、このコードはさらに短くできます。

```python
for i, flavor in enumerate(flavor_list, 1):
    print('%d: %s' % (i, flavor))
```

覚えておくこと

- enumerateの簡潔な構文で、イテレータでループしながら、処理中の要素の添字を取り出すことができる。
- rangeでループして、シーケンスの添字を処理するよりも、enumerateのほうがよい。
- enumerateの第2引数で、カウンタを開始する数（デフォルトはゼロ）を指定できる。

項目11：イテレータを並列に処理するにはzipを使う

Pythonでは、関係したオブジェクトのリストを多数扱うことがよくあります。リスト内包表記を使えば、ソースのリストに式を適用して、結果のリストが得られます（「項目7 mapやfilterの代わりにリスト内包表記を使う」参照）。

```python
names = ['Cecilia', 'Lise', 'Marie']
letters = [len(n) for n in names]
```

結果として導出されたリストの要素は、元のリストの同じ添字の要素に対応します。両方のリストを並列に順次処理したければ、元のリストnameの長さだけ処理すればよいのです。

```python
longest_name = None
max_letters = 0

for i in range(len(names)):
    count = letters[i]
    if count > max_letters:
        longest_name = names[i]
        max_letters = count

print(longest_name)

>>>
Cecilia
```

このプログラムの問題は、ループ文全体の見かけがすっきりしないことです。names と letters との添字で読みにくくなっています。ループで添字の i による配列の添字処理が2度現れます。enumerate（「項目10 range よりは enumerate にする」参照）を使えば、少し良くなりますが、理想にはまだ遠いところです。

```python
for i, name in enumerate(names):
    count = letters[i]
    if count > max_letters:
        longest_name = name
        max_letters = count
```

このようなコードをもっときれいなものにするために、Python は、組み込み関数 zip を提供しています。zip は、2つ以上のイテレータを遅延評価ジェネレータでラップします。zip ジェネレータは、各イテレータから取得した次の値でタプルを作成し、yield します。結果として、コードは、複数のリストから添字で取得するよりもずっと綺麗になります。

```python
for name, count in zip(names, letters):
    if count > max_letters:
        longest_name = name
        max_letters = count
```

組み込み関数 zip には、2つの問題があります。

第1の問題は、Python 2 の zip がジェネレータではないことです。与えられたイテレータで尽きるまで処理をしてから、生成したタプルのすべてのリストを返します。これは、大量のメモリを使う可能性があり、プログラムがクラッシュする危険性があります。Python 2 で、とても大きなイテレータを zip したいなら、組み込みモジュール itertools の izip を使うべきです（「項目46 組み込みアルゴリズムとデータ構造を使う」参照）。

第2の問題は、入力イテレータの長さが異なると、zip の振る舞いがおかしくなることです。例えば、上のリストに別の名前を追加して、letters の更新を忘れたとします。zip をこれらで実行すると、予期しない結果が得られます。

```python
names.append('Rosalind')
for name, count in zip(names, letters):
    print(name)
>>>
Cecilia
Lise
Marie
```

追加した新要素 Rosalind がありません。zip はこういうものです。zip は、ラップしたイテレータが尽きるまでタプルを yield します。これは、イテレータが同じサイズだとわかっていればよいので

す。リスト内包表記で作られた導出リストはたいがいそうなっています。他の場合の多くでは、全部を処理しないで終わったzipの振る舞いは、驚くべきもので、よくないものです。zip処理しようというリストの長さが同じかどうか確信を持てないなら、組み込みモジュールitertoolsのzip_longest関数（Python 2では、izip_longest）を使うことを検討すべきです。

覚えておくこと

- 組み込み関数zipが複数のイテレータを並列に処理するのに使える。
- Python 3では、zipはタプルを生成する遅延評価ジェネレータである。Python 2では、zipは、すべての結果をタプルのリストとして返す。
- 異なる長さのイテレータを与えると、zipは何も言わずに出力を最短ので止める。
- 組み込みモジュールitertoolsのzip_longest関数（「項目46 組み込みアルゴリズムとデータ構造を使う」を参照）が、複数のイテレータの長さが異なるときに使える。

項目12：forとwhileループの後のelseブロックは使うのを避ける

Pythonのループには、他のほとんどのプログラミング言語にない特別な機能があります。ループの繰り返しブロックの直後にelseブロックを置くことができるのです。

```
for i in range(3):
    print('Loop %d' % i)
else:
    print('Else block!')
>>>
Loop 0
Loop 1
Loop 2
Else block!
```

驚くべきことに、elseブロックは、ループが終了した直後に実行されます。なぜ、このブロックが「else」と呼ばれるのでしょうか。なぜ、「and」でないのでしょうか。if/else文では、elseは、「この前のブロックが実行されなかったら、これをしなさい」という意味です。try/except文においては、exceptが同じ定義、「前のブロックで試したのが失敗したら、これをしなさい」です。

同様に、try/except/elseのelseもこのパターンを踏襲して（「項目13 try/except/else/finallyの各ブロックを活用する」を参照）、「前のブロックが失敗しなかったらこれをしなさい」意味しています。try/finallyも直感的に、「前のブロックを試した後で、最後にこれを常にしなさい」という意味です。

Pythonでのelse、except、finallyのすべての用法から、初めてのプログラマは、for/elseの

else部分は、「ループが完了しなかったらこれをしなさい」という意味だと思い込むものです。実際には、これはまったく反対です。ループでbreak文が実行されると、実はelseブロックがスキップされます。

```python
for i in range(3):
    print('Loop %d' % i)
    if i == 1:
        break
else:
    print('Else block!')
>>>
Loop 0
Loop 1
```

さらに驚くべきは、空シーケンスでループしたら、elseブロックがすぐ実行されることです。

```python
for x in []:
    print('Never runs')
else:
    print('For Else block!')
>>>
For Else block!
```

elseブロックは、whileループが頭で失敗したときにも実行されます。

```python
while False:
    print('Never runs')
else:
    print('While Else block!')
>>>
While Else block!
```

　この振る舞いの背景にあるのは、ループの後のelseブロックが、ループして何かを探す場合に役立つということです。例えば、2つの数が**互いに素**（coprime、公約数が1しかない）かどうかを調べたいとします。公約数の候補を挙げて、その数でテストするとします。すべての可能性を調べて、ループが終了します。elseブロックは、ループがbreakしなかったので、互いに素な場合に実行されます。

```python
a = 4
b = 9

for i in range(2, min(a, b) + 1):
    print('Testing', i)
    if a % i == 0 and b % i == 0:
        print('Not coprime')
```

項目12：forとwhileループの後のelseブロックは使うのを避ける | **25**

```
        break
    else:
        print('Coprime')
>>>
Testing 2
Testing 3
Testing 4
Coprime
```

実際には、こんなコードは書かないでしょう。計算するヘルパー関数を書くはずです。そのヘルパー関数を書くには、次の2通りのスタイルがよく使われます。

最初の方式は、探している条件が見つかり次第早めに返るものです。ループを尽くしたなら、デフォルトの結果を返します。

```
def coprime(a, b):
    for i in range(2, min(a, b) + 1):
        if a % i == 0 and b % i == 0:
            return False
    return True
```

第二の方式は、ループして探していたものが見つかったかどうかを示す結果変数を使うものです。何か見つかり次第、breakしてループを抜け出します。

```
def coprime2(a, b):
    is_coprime = True
    for i in range(2, min(a, b) + 1):
        if a % i == 0 and b % i == 0:
            is_coprime = False
            break
    return is_coprime
```

どちらの方式も、コードを初めて読む人にも明瞭でしょう。elseブロックによる表現性は、（自分も含めた）人が将来そのコードを理解するのに必要な負荷に値しません。ループのような単純な構成要素は、Pythonでは自明であるべきです。ループの後のelseブロックは止めるべきです。

覚えておくこと

- Pythonには、forやwhileのループブロックの直後にelseブロックを許す特別な構文がある。
- ループの後のelseブロックは、ループ本体でbreak文が実行されなかった場合にのみ実行される。
- ループの直後のelseブロックは、振る舞いが直感的でなく、誤解を生みやすいので、使わない。

項目13：try/except/else/finallyの各ブロックを活用する

Pythonで例外処理をしているときには、4種類の異なる処理が必要になる可能性があります。それらは、機能的には、try, except, else, finallyの各ブロックで取り扱えます。それぞれのブロックが、複合文の中で独特の目的を果たし、役に立つようにさまざまな組み合わせができます（他の例として、「項目51　APIからの呼び出し元を隔離するために、ルート例外を定義する」を参照）。

finallyブロック

例外を上に（呼び出し元に）伝えたいときにはtry/finallyを使いますが、例外発生時に後始末処理を実行したいことがあります。よく使うtry/finallyの場面の1つが、ファイルハンドルを確実に閉じることです（他のやり方としては、「項目43　contextlibとwith文をtry/finallyの代わりに考える」を参照）。

```python
handle = open('random_data.txt')  # IOErrorが起こるかも
try:
    data = handle.read()  # UnicodeDecodeErrorが起こるかも
finally:
    handle.close()          # try:の後で必ず実行される
```

readメソッドで引き起こされた例外はすべて、呼び出したコードまで伝わりますが、handleのcloseメソッドもfinallyブロックで実行されることが保証されています。openの呼び出しは、tryブロックの前に実行します。ファイルを開くときに発生する例外（ファイルが存在しない時のIOErrorのような）は、finallyブロックをスキップする必要が有るためです。

elseブロック

try/except/elseを使うと、どの例外が自分のコードで扱われ、どの例外が上に伝わるかが明らかになります。tryブロックが例外を起こさなかったなら、elseブロックが実行されます。elseブロックによって、tryブロックでのコードが最小化できて、読みやすさが向上します。例えば、JSONの辞書データを文字列データからロードして、含まれているキー値を返したいとします。

```python
def load_json_key(data, key):
    try:
        result_dict = json.loads(data)  # ValueErrorが起きるかも
    except ValueError as e:
        raise KeyError from e
    else:
        return result_dict[key]          # KeyErrorが起きるかも
```

データが正しいJSON形式でないなら、json.loadsによる復号化はValueErrorを起こします。こ

項目13：try/except/else/finallyの各ブロックを活用する | **27**

の例外は、exceptブロックで捕えられて処理されます。復号が成功すれば、elseブロックでキー値の比較が行われます。キー値比較で何らかの例外が起こると、これはtryブロックの外なので、呼び出し元まで伝播します。else節が、try/exceptの後で起こることは、見た目にも、exceptブロックとは異なるということを保証します。これによって、例外伝播の振る舞いが明らかになります。

すべてを合わせて

すべてを1つの複合文で行いたい場合には、try/except/else/finallyを使います。例えば、ファイルから、作業の記述を読み込み、処理して、ファイルを更新するということを考えます。tryブロックを使ってファイルを読みだして処理します。exceptブロックを使って、tryブロックで予期される例外を扱います。elseブロックは、ファイルを更新し、関連する例外を上に伝えます。finallyブロックは、ファイルハンドルを開放します。

```python
import json
UNDEFINED = object()

def divide_json(path):
    handle = open(path, 'r+')    # IOErrorを起こすかも
    try:
        data = handle.read()     # UnicodeDecodeErrorを起こすかも
        op = json.loads(data)    # ValueErrorを起こすかも
        value = (
            op['numerator'] /
            op['denominator'])   # ZeroDivisionErrorを起こすかも
    except ZeroDivisionError as e:
        return UNDEFINED
    else:
        op['result'] = value
        result = json.dumps(op)
        handle.seek(0)
        handle.write(result)     # IOErrorを起こすかも
        return value
    finally:
        handle.close()           # 常に実行される
```

この配置は、すべてのブロックが直感的に一緒に働くので、非常に有用です。例えば、結果データを書き換えているときに、elseブロックで例外が起きたとしても、finallyブロックは、ちゃんと実行されてファイルハンドルを閉じます。

覚えておくこと

- try/finally複合文では、tryブロックで例外が起ころうと起こるまいと、後始末処理を実行できる。

- elseブロックは、tryブロックでのコードを最少にして、成功した場合を見た目にもtry/exceptブロックから区別できるようにする。
- elseブロックは、成功したtryブロックの後で、finallyブロックによる共通後始末処理の前に、追加作業を行うのに便利だ。

2章
関数

プログラマがPythonで使う最初のプログラム構成ツールは**関数**（function）でしょう。他のプログラミング言語と同様、関数は大規模プログラムをより小さく単純な部品に分割します。関数は可読性を高め、コードを扱いやすくします。再利用とリファクタリングを促進します。

Pythonの関数は、プログラマが楽になるようなさまざまな特別な機能を持っています。他のプログラミング言語と同じような機能もありますが、多くはPython特有のものです。これらの機能は、関数の目的をずっと明白にします。雑音的なものを省いて呼び出し元の意図を明確にします。見つけるのが難しいわかりにくいバグを大幅に減らすことができます。

項目14：Noneを返すよりは例外を選ぶ

下働きのユーティリティ関数を書くときに、Pythonプログラマは、Noneという戻り値に特別な意味を与えようとすることがあります。それがもっともだと思える場合があります。例えば、ある数を別の数で割るヘルパー関数を書くとしましょう。ゼロで割る場合には、結果が未定義なので、Noneを返すのが自然に思えます。

```python
def divide(a, b):
    try:
        return a / b
    except ZeroDivisionError:
        return None
```

この関数を使うコードでは、戻り値をそれに従って解釈します。

```python
result = divide(x, y)
if result is None:
    print('Invalid inputs')
```

分子がゼロだったらどうなるでしょうか。（分母が非ゼロなら）戻り値もゼロになります。これは、

if文のような条件で結果を評価しようとしていると問題を引き起こします。Noneだけを見ているのではなくて、Falseと判定される値を見ていたりすると間違ってしまいます（同様な場合が、「項目4 複雑な式の代わりにヘルパー関数を書く」にもありますから見てください）。

```
x, y = 0, 5
result = divide(x, y)
if not result:
    print('Invalid inputs')  # これは間違い！
```

これは、Noneが特別な意味を持つときに、Pythonコードでよく見受ける間違いです。関数からNoneを返すことがエラーにつながりやすい理由が示されています。このようなエラーの機会を減らすには2つの方式があります。

第一の方法は、戻り値を2値のタプルにするものです。タプルの第1項は演算が成功したか失敗したかを示します。第2項が計算された実際の結果です。

```
def divide(a, b):
    try:
        return True, a / b
    except ZeroDivisionError:
        return False, None
```

この関数の呼び出し元は、タプルを分解しなければなりません。割り算の結果だけを見るのではなくて、タプルの状態部分を考慮しなければなりません。

```
success, result = divide(x, y)
if not success:
    print('Invalid inputs')
```

問題は、呼び出し元がタプルの最初の部分を（Pythonでの使わない変数に対する記法、下線を変数名に使うことで）簡単に無視できることです。そのコードは、ちょっと見ただけでは悪くなさそうですが、Noneを返すだけの場合と同様に良くはありません。

```
_, result = divide(x, y)
if not result:
    print('Invalid inputs')
```

第二の、このようなエラーを減らす、もっと優れた方式は、Noneをそもそも返さないことです。その代わりに、例外を呼び出し元に上げて、その処理をやらせます。次のコードでは、ZeroDivisionErrorをValueErrorに変えて、呼び出し元に対して入力値が適切でないことを示します。

```
def divide(a, b):
    try:
```

項目15：クロージャが変数スコープとどう関わるかを知っておく | **31**

```
        return a / b
    except ZeroDivisionError as e:
        raise ValueError('Invalid inputs') from e
```

呼び出し元は、不適切な入力という例外を扱わねばなりません（この振る舞いは文書化しておくべきです。「項目49 すべての関数、クラス、モジュールについてドキュメンテーション文字列を書く」を参照）。呼び出し元では、関数の戻り値について調べる必要がありません。関数が例外を上げなければ、戻り値は大丈夫なはずです。例外処理の結果は明らかです。

```
x, y = 5, 2
try:
    result = divide(x, y)
except ValueError:
    print('Invalid inputs')
else:
    print('Result is %.1f' % result)
>>>
Result is 2.5
```

覚えておくこと

- Noneを返すことで特別な意味を示す関数は、Noneと（例えば、ゼロ、空文字列など）他の値とがすべて条件式においてFalseに評価されるので、エラーを引き起こしやすい。
- Noneを返す代わりに、例外を上げて、特別な条件を示す。呼び出し元のコードで、その処理が文書化されており、適切に例外処理することを期待する。

項目15：クロージャが変数スコープとどう関わるかを知っておく

数のリストをソートするのですが、一部の数が優先されるようにしたいとします。この手のパターンは、ユーザインタフェースを処理していて、重要なメッセージだとか、例外的なイベントを他のどれよりも前に表示したいというような場合に役立ちます。

これを行う普通の方法は、ヘルパー関数をkey引数として、リストのsortメソッドに引き渡すことです。ヘルパー関数の戻り値が、リスト内の要素をソートするための値として使われます。ヘルパーは、与えられた要素が重要なグループかどうか調べて、それに従ってソートキーを変更します。

```
def sort_priority(values, group):
    def helper(x):
        if x in group:
            return (0, x)
        return (1, x)
    values.sort(key=helper)
```

この関数は、簡単な入力に次のように働きます。

```
numbers = [8, 3, 1, 2, 5, 4, 7, 6]
group = {2, 3, 5, 7}
sort_priority(numbers, group)
print(numbers)
```

```
>>>
[2, 3, 5, 7, 1, 4, 6, 8]
```

この関数が期待通りに働くのには、次の3つの理由があります。

- Pythonが**クロージャ** (closure) をサポートしている。クロージャとは、定義されたスコープの変数を参照する関数です。これにより、helper関数がsort_priorityの引数groupにアクセスできます。
- Pythonでは関数がファーストクラスオブジェクトである。つまり、直接参照でき、変数に代入したり、他の関数の引数として渡したり、式の中やif文の中で比較できます。これにより、sortメソッドがクロージャ関数をkey引数として受け付けます。
- Pythonは、タプルの比較に特別な規則を持つ。最初に添字0の要素を比較し、次に添字1の要素、その次は添字2の要素というようになります。これにより、helperクロージャの戻り値がソート順で2つの異なったグループになるようにできます。

この関数が、優先度の高い要素がそもそもあったかどうかを返してくれると、ユーザインタフェースコードがそれに応じて動けるのでもっとよいでしょう。そのような振る舞いを追加するのは、簡単なことのように思えます。それぞれの数に対してどのグループか決定するクロージャ関数はすでにあります。クロージャを使って、高優先度の要素があったら、フラグを立てればよいのではないでしょうか。そうすれば、関数は、クロージャによる修正の後で、フラグ値を返すことができます。

その見かけは簡単な方法で次のように試します。

```
def sort_priority2(numbers, group):
    found = False
    def helper(x):
        if x in group:
            found = True  # 簡単そうに見える
            return (0, x)
        return (1, x)
    numbers.sort(key=helper)
    return found
```

前と同じ入力に対して関数を実行します。

```
found = sort_priority2(numbers, group)
print('Found:', found)
print(numbers)

>>>
Found: False
[2, 3, 5, 7, 1, 4, 6, 8]
```

ソートした結果は正しいのですが、foundの結果は間違っています。groupの要素は、明らかに、numbersにあるのに、関数はFalseを返しました。どうしてこうなったのでしょうか。

式の中の変数を参照するとき、Pythonインタプリタは、スコープ内を横断して、次の順序で参照を解決します。

1. 現在の関数のスコープ
2. (他の関数の中にある場合のように)外側のスコープ
3. コードを含むモジュールのスコープ(グローバルスコープとも呼ばれる)
4. 組み込みスコープ(lenやstrのような関数を含むもの)

これらのどれにも参照名の定義済み変数がないと、NameError例外が引き起こされます。

変数への値代入は動きが異なります。変数が現在のスコープですでに定義されていると、新たな値を取るだけのことです。変数が現在のスコープに存在しないと、Pythonは、代入を変数定義のように扱います。新たに定義された変数のスコープは、代入を含む関数です。

この代入の振る舞いが、sort_priority2関数の間違った戻り値を説明します。変数foundは、helperクロージャの中でTrueと代入されたのです。クロージャでの代入は、helper内の新たな変数定義として扱われ、sort_priority2内の代入としては扱われなかったのです。

```
def sort_priority2(numbers, group):
    found = False          # スコープ: 'sort_priority2'
    def helper(x):
        if x in group:
            found = True   # スコープ: 'helper' ? 良くない!
            return (0, x)
        return (1, x)
    numbers.sort(key=helper)
    return found
```

この手の問題は、新人をひどく面食らわせるので、**スコープ処理バグ**(scoping bug)と呼ばれることがあります。しかし、これは意図した結果なのです。この振る舞いのお陰で、関数のローカル変数は、それを含んだモジュールを汚染しないで済むのです。さもないと、関数内のすべての代入がグローバルモジュールスコープでゴミになるでしょう。それは、うるさいだけでなく、結果として生じるグローバル変数がわかりにくいバグの元になるでしょう。

34 | 2章 関数

データを外に出す

Python 3では、データをクロージャの外に出す特別な構文があります。nonlocal文が、特別な変数名の代入に際してスコープ横断をすべきことを示します。唯一の制限は、nonlocalがモジュールレベルのスコープまでは（グローバルを汚染しないように）行かないことです。

同じ関数をnonlocalを使って次のように定義します。

```python
def sort_priority3(numbers, group):
    found = False
    def helper(x):
        nonlocal found
        if x in group:
            found = True
            return (0, x)
        return (1, x)
    numbers.sort(key=helper)
    return found
```

データが代入されるときに、それがクロージャの外のスコープにあることをnonlocal文が明示します。これは、変数の代入が直接モジュールのスコープになるglobal文と補完関係にあります。

しかし、グローバル変数のアンチパターンと同様に、nonlocalを単純な関数以外に使うことは止めた方がいいでしょう。nonlocalの副作用は、見つけることが困難です。大きな関数で、nonlocal文と関連する変数への代入が離れていると、把握が困難になります。

nonlocalの使用が複雑になりかけたら、状態をヘルパークラスでラップするのがよいでしょう。次のように、nonlocalを使う方式と同じ結果を出すクラスを定義します。ちょっと長いですが、ずっと読みやすいです（特殊メソッド __call__ の詳細については、「項目23 単純なインタフェースにはクラスの代わりに関数を使う」を参照）。

```python
class Sorter(object):
    def __init__(self, group):
        self.group = group
        self.found = False

    def __call__(self, x):
        if x in self.group:
            self.found = True
            return (0, x)
        return (1, x)

sorter = Sorter(group)
numbers.sort(key=sorter)
assert sorter.found is True
```

Python 2でのスコープ

　残念ながら、Python 2は、nonlocalキーワードをサポートしていません。同様の振る舞いをするためには、Pythonのスコープ処理の規則を利用して、問題を回避する必要があります。このやり方はきれいではありませんが、よく使われるPythonのイディオムです。

```python
def sort_priority(numbers, group):
    found = [False]
    def helper(x):
        if x in group:
            found[0] = True
            return (0, x)
        return (1, x)
    numbers.sort(key=helper)
    return found[0]
```

　前に説明したように、Pythonは、found変数が参照されたときに、現在の値を見るためにスコープを横断して探します。この技法は、foundの値をリストにして、変更可能にしていることです。これは、値を取り出してから、クロージャがfoundの状態を変更して、データを（found[0] = Trueによって）内部のスコープから外へ送ることができるということを意味します。

　この方式は、スコープ横断に使われる変数が辞書、集合、定義したクラスのインスタンスの場合にもうまくいきます。

覚えておくこと

- クロージャ関数は、定義されたスコープのどれからでも変数を参照できる。
- デフォルトで、クロージャは変数代入で、周囲のスコープには影響できない。
- Python 3では、nonlocal文を用いて、クロージャが外のスコープにある変数を修正できる。
- Python 2ではnonlocal文をサポートしていないので、（単一要素のリストのような）変更可能な値を用いて対応することができる。
- nonlocal文を単純な関数でのみ使うようにする。

項目16：リストを返さずにジェネレータを返すことを考える

　結果をシーケンスで返す関数実装の最も単純な選択は、要素のリストを返すことです。例えば、文字列ですべての単語の位置の添字を見つけ出したいとします。次のように、appendメソッドを使ってリストに結果を貯めこみ、関数の終わりでそれを返します。

36 │ 2章　関数

```python
def index_words(text):
    result = []
    if text:
        result.append(0)
    for index, letter in enumerate(text):
        if letter == ' ':
            result.append(index + 1)
    return result
```

これは、例題を入力すると期待通りに作動します。

```python
address = 'Four score and seven years ago...'
result = index_words(address)
print(result[:3])
```

```
>>>
[0, 5, 11]
```

この index_words 関数には、2つ問題があります。

まず、コードが少しばかり複雑で読みにくいという問題があります。新たな結果が見つかるたびに、append メソッドを呼び出しています。メソッド呼び出しのかさばる部分（result.append）がリストに追加される値（index + 1）より目立っています。結果のリストを作るのが1行、返すのがもう1行です。関数本体は（空白を除いて）約130文字からなりますが、75文字しか重要ではありません。

この関数を書くもっと良い方法は、**ジェネレータ**（generator）を使うことです。ジェネレータとは、yield式を使う関数のことです。ジェネレータ関数は、呼び出されると、実際の作業をせずに、直ちにイテレータを返します。組み込み関数nextが呼び出されるごとに、イテレータはジェネレータを次のyield式に1つ進めます。ジェネレータによりyieldに渡される値は、それぞれイテレータによって呼び出し元に返されます。

次のように、前と同じ結果を生成するジェネレータ関数を定義します。

```python
def index_words_iter(text):
    if text:
        yield 0
    for index, letter in enumerate(text):
        if letter == ' ':
            yield index + 1
```

これは、結果リストに関する処理のすべてが取り除かれているので、はるかに読みやすいです。結果は、前のとは異なり、yield式に渡されます。ジェネレータ呼び出しで返されるイテレータは、組み込み関数listに引き渡して簡単にリストに変換できます（詳細は、「項目9　大きな内包表記にはジェネレータ式を考える」を参照）。

項目16：リストを返さずにジェネレータを返すことを考える | **37**

```
result = list(index_words_iter(address))
```

index_wordsの第二の問題は、すべての結果を返す前にリストに格納する必要があることです。入力が大量の時には、このためプログラムがメモリを食いつぶしクラッシュを引き起こしかねません。対照的に、この関数のジェネレータ版は、どんな長さの入力にも容易に対応できます。

次のように、ファイルから1行ずつ入力して、1単語ずつyieldで出力するストリーム型のジェネレータを定義します。この関数に必要な作業メモリは、入力の中の行の最大長あれば大丈夫です。

```
def index_file(handle):
    offset = 0
    for line in handle:
        if line:
            yield offset
        for letter in line:
            offset += 1
            if letter == ' ':
                yield offset
```

ジェネレータを実行すると同じ結果が得られます。

```
with open('address.txt', 'r') as f:
    it = index_file(f)
    results = islice(it, 0, 3)
    print(list(results))

>>>
[0, 5, 11]
```

このようなジェネレータを定義するとき理解しておくと助かるのは、なんといっても、返されるイテレータがステートフルで再利用できないことを呼び出し元が認識しておかないといけないということです（「項目17 引数に対してイテレータを使うときには確実さを尊ぶ」参照）。

覚えておくこと

- ジェネレータを使うと、格納した結果をリストで返すよりも、コードが明確になる。
- ジェネレータが返すイテレータは、ジェネレータ関数の本体でyield式に渡される一連の値を生成する。
- ジェネレータでは、作業メモリにすべての入出力を保持する必要がないので、どのような長さの入力に対しても出力のシーケンスを生成できる。

38 | 2章　関数

項目17：引数に対してイテレータを使うときには確実さを尊ぶ

　関数の引数がオブジェクトのリストのとき、そのリストに対して何度も繰り返し処理することが重要な場合がよくあります。例えば、米国テキサス州の旅行者の人数を分析したいとしましょう。データセットが各都市への訪問者数（年ごとに百万人単位）だと仮定しましょう。各都市が旅行者全体の何パーセントを受け入れているか計算したいとします。

　これには正規化関数が必要です。入力を足し合わせて、年ごとの全旅行者数を決定します。それから、各都市の訪問者数をその総和で割って、全体に対する各都市の貢献度を見つけます。

```python
def normalize(numbers):
    total = sum(numbers)
    result = []
    for value in numbers:
        percent = 100 * value / total
        result.append(percent)
    return result
```

この関数引数として訪問者数のリストを与えます。

```python
visits = [15, 35, 80]
percentages = normalize(visits)
print(percentages)

>>>
[11.538461538461538, 26.923076923076923, 61.53846153846154]
```

　このコードをスケールアップするには、全テキサス州のすべての都市を含んだファイルからデータを読み込む必要があります。これを行うジェネレータを定義して、後で、全世界の旅行者数、ずっと大きなデータセットを扱うときにも、同じ関数を再利用できるようにします（「項目16　リストを返さずにジェネレータを返すことを考える」参照）。

```python
def read_visits(data_path):
    with open(data_path) as f:
        for line in f:
            yield int(line)
```

驚いたことに、ジェネレータの戻り値にnormalizeを呼び出しても何も結果が得られません。

```python
it = read_visits('my_numbers.txt')
percentages = normalize(it)
print(percentages)

>>>
[]
```

項目 17：引数に対してイテレータを使うときには確実さを尊ぶ | **39**

この振る舞いの原因は、イテレータが結果を一度だけしか生成しないことです。イテレータやジェネレータで反復処理して、StopIteration例外がすでに起きているなら、もう一度反復しても何の結果も得られません。

```
it = read_visits('my_numbers.txt')
print(list(it))
print(list(it))  # すでに尽きた

>>>
[15, 35, 80]
[]
```

紛らわしいのは、すでに尽きてしまったイテレータに対して反復処理をしても、何のエラーも生じないことです。forループ、listコンストラクタ、Python標準ライブラリの他の多くの関数も、通常の演算において、StopIteration例外が起きると予期しています。これらの関数では、出力のないイテレータと、出力はあったが尽きてしまったイテレータとを区別することができません。

この問題を解決するために、入力イテレータを明示的に尽きるまで動かし、内容全体のコピーをリストに保持します。そうすれば、必要なだけ何度でもリストにしたデータに対して反復処理ができます。前と同じ関数ですが、入力イテレータを確実に (defensively) コピーするものを次に示します。

```
def normalize_copy(numbers):
    numbers = list(numbers)  # イテレータをコピー
    total = sum(numbers)
    result = []
    for value in numbers:
        percent = 100 * value / total
        result.append(percent)
    return result
```

この関数は、ジェネレータの戻り値に正しく働きます。

```
it = read_visits('my_numbers.txt')
percentages = normalize_copy(it)
print(percentages)

>>>
[11.538461538461538, 26.923076923076923, 61.53846153846154]
```

この方式の問題は、入力イテレータのコピーの内容が巨大になりうることです。イテレータのコピーによって、プログラムがメモリを食いつぶし、クラッシュしかねません。これを回避する1つの方法は、呼ばれるたびに新たなイテレータを返す関数を受け入れることです。

40 | 2章　関数

```python
def normalize_func(get_iter):
    total = sum(get_iter())    #新たなイテレータ
    result = []
    for value in get_iter():  #新たなイテレータ
        percent = 100 * value / total
        result.append(percent)
    return result
```

normalize_funcを使うと、ジェネレータを呼び出して新たなイテレータをそのたびに生成するlambda式を渡すことができます。

```python
percentages = normalize_func(lambda: read_visits(path))
```

これは動きますが、このようにlambda関数を渡さなければならないのは面倒なことです。同じ結果が得られるより良い方法は、**イテレータプロトコル**（iterator protocol）を実装した新たなコンテナクラスを提供することです。

イテレータプロトコルとは、Pythonのforループや関連する式が、コンテナ型の内容をどのように横断するか示すものです。Pythonがfor x in fooのような文を受けると、実際には、iter(foo)を呼び出します。この組み込み関数iterは、特殊メソッドfoo.__iter__を次に呼び出します。__iter__メソッドは、（特殊メソッド__next__を実装した）イテレータオブジェクトを返さなければなりません。そうして、forループは、イテレータオブジェクトに対して組み込み関数nextを、それが尽きてしまう（そして、StopIteration例外を起こす）まで繰り返し呼び出します。

これは、複雑なように思えますが、実際には、自分のクラスに対するこれらの振る舞いすべてをジェネレータとした__iter__メソッドの実装で実現できます。旅行者データを含むファイルを読み込むイテレータ処理可能コンテナクラスを次のように定義します。

```python
class ReadVisits(object):
    def __init__(self, data_path):
        self.data_path = data_path

    def __iter__(self):
        with open(self.data_path) as f:
            for line in f:
                yield int(line)
```

この新たなコンテナクラスは、何の修正も加えていない元の関数に渡されても正しく働きます。

```python
visits = ReadVisits(path)
percentages = normalize(visits)
print(percentages)

>>>
[11.538461538461538, 26.923076923076923, 61.53846153846154]
```

これが働くのは、normalizeのsumメソッドが新たなイテレータオブジェクトを作成するために ReadVisits.__iter__ を呼び出すからです。数を正規化するforループも、第二のイテレータオブジェクトを作成するために __iter__ を呼び出します。これらのイテレータは、それぞれ、独立に尽きるまで進められ、どの反復処理でも入力データ値がすべて処理されることを保証します。この方式の唯一の欠点は、入力データを複数回読み込むことです。

これで、ReadVisitsのようなコンテナがどう働くかわかったでしょうから、引数が単なるイテレータではないことを保証する関数を書くことができます。プロトコルは、組み込み関数iterにイテレータが渡されると、iterがイテレータそのものを返すことになっています。対照的に、コンテナ型がiterに渡されると、そのたびに、新たなイテレータオブジェクトが返されます。そうして、この振る舞いの入力値をテストして、良くないと、TypeErrorを起こしてイテレータを拒絶できます。

```python
def normalize_defensive(numbers):
    if iter(numbers) is iter(numbers):  # イテレータ -- 良くない!
        raise TypeError('Must supply a container')
    total = sum(numbers)
    result = []
    for value in numbers:
        percent = 100 * value / total
        result.append(percent)
    return result
```

これは、先ほどのnormalize_copyのように入力イテレータ全体をコピーしたくないなら、理想的ですが、それでも入力データに対して複数回反復する必要があります。この関数は、listやReadVisitsのような入力に対しても、それらがコンテナなので期待通りに働きます。イテレータプロトコルに従う任意のコンテナ型に対して働きます。

```python
visits = [15, 35, 80]
normalize_defensive(visits)  # エラーなし
visits = ReadVisits(path)
normalize_defensive(visits)  # エラーなし
```

この関数は、入力がイテラブルだがコンテナ型でないときに、例外を起こします。

```python
it = iter(visits)
normalize_defensive(it)

>>>
TypeError: Must supply a container
```

42 | 2章　関数

覚えておくこと

- 入力引数を複数回反復処理する関数に気をつける。引数がイテレータなら、奇妙な振る舞いや欠損値に出会うかもしれない。
- Pythonのイテレータプロトコルは、コンテナとイテレータとが、組み込み関数iterやnext、forループ、及び関連する式でどのように働くかを定義する。
- __iter__メソッドをジェネレータとして実装することにより、自分のイテラブルなコンテナ型をたやすく定義できる。
- 値が（コンテナではなく）イテレータであることを、それを二度iterの引数として与えても同じ結果が出るかどうかで検出できる。組み込み関数nextで次へ進めることができる。

項目18：可変長位置引数を使って、見た目をすっきりさせる

省略可能な位置引数（仮引数には、*argsという記法を使うので、**スター引数**（star args）とも呼ばれる）を使うと、関数呼び出しがずっとすっきりして、見た目の雑音が減らせます。

例えば、デバッグ情報のログをとっておきたいとしましょう。固定個数の引数だと、メッセージと値のリストとをとる関数が必要です。

```python
def log(message, values):
    if not values:
        print(message)
    else:
        values_str = ', '.join(str(x) for x in values)
        print('%s: %s' % (message, values_str))

log('My numbers are', [1, 2])
log('Hi there', [])

>>>
My numbers are: 1, 2
Hi there
```

値がないときに空リストをlogに渡さないといけないのが、面倒で目障りです。第2引数がない方がましです。Pythonでは、最後の位置引数の名前に*をつけることで、これができます。ログ用メッセージの第1引数は不可欠ですが、次の位置引数はオプションで何個でも構いません。関数本体に変更は要りません。呼び出し側が変わるだけです。

```python
def log(message, *values):  # ここだけが違う
    if not values:
        print(message)
```

項目18：可変長位置引数を使って、見た目をすっきりさせる **43**

```
        else:
            values_str = ', '.join(str(x) for x in values)
            print('%s: %s' % (message, values_str))

log('My numbers are', 1, 2)
log('Hi there')  # ずっと良い

>>>My numbers are: 1, 2
Hi there
```

すでにリストがあって、logのような可変個引数関数を呼び出したいなら、*演算子を使って呼び出せます。これは、Pythonにシーケンスの要素を位置引数に渡すよう指示します。

```
favorites = [7, 33, 99]
log('Favorite colors', *favorites)

>>>
Favorite colors: 7, 33, 99
```

可変長位置引数を受け入れるのには、2つの問題があります。

第一の問題は、可変長引数が、関数に渡される前に常にタプルに変換されていることです。つまり、関数の呼び出し元がジェネレータで*演算子を使っていれば、それが尽きるまでイテレーションされるということです。結果のタプルにはジェネレータからのすべての値が含まれるので、メモリを大量に消費して、プログラムをクラッシュさせる危険性があります。

```
def my_generator():
    for i in range(10):
        yield i

def my_func(*args):
    print(args)

it = my_generator()
my_func(*it)

>>>
(0, 1, 2, 3, 4, 5, 6, 7, 8, 9)
```

*argsを受け入れる関数は、引数リストの入力個数が少ないことを知っている場合が一番適しています。多くのリテラルや変数名を一緒に渡す関数呼び出しが理想的です。基本的にプログラマの便宜のためであり、コードの可読性のためなのです。

*argsの第二の問題点は、すべての呼び出し元を修正しないと関数に対して新たな位置引数を追加することができないことです。引数リストの前に位置引数を追加すれば、既存の呼び出し元は、更新

44 | 2章 関数

されない限り気付かないうちに壊れてしまいます。

```python
def log(sequence, message, *values):
    if not values:
        print('%s: %s' % (sequence, message))
    else:
        values_str = ', '.join(str(x) for x in values)
        print('%s: %s: %s' % (sequence, message, values_str))

log(1, 'Favorites', 7, 33)      # 新しい使い方はOK
log('Favorite numbers', 7, 33)  # 古い使い方はダメ

>>>
1: Favorites: 7, 33
Favorite numbers: 7: 33
```

　ここでの問題は、logの2番目の呼び出しで7を、sequence引数がないので、messageパラメータ
として使ってしまうことです。このようなバグは、コードが何の例外も起こさず実行され続けるので、
見つけるのが大変困難です。このような可能性を完全になくすには、*argsを受け入れる関数を拡張
したいときにキーワード専用引数を使うことです(「項目21　キーワード専用引数で明確さを高める」
参照)。

覚えておくこと

- 関数は、def文で*argsを使うことにより、可変個数の位置引数を受け入れることができる。
- *演算子を関数に用いて、シーケンスからの要素を位置引数として使うことができる。
- *演算子をジェネレータと一緒に使うと、プログラムがメモリを使い果たしてクラッシュするこ
  とがある。
- 新たに位置仮引数を、*argsを受け入れている関数に追加すると、発見が困難なバグを生み出し
  てしまう可能性がある。

項目19：キーワード引数にオプションの振る舞いを与える

　ほとんどのプログラミング言語と同様に、Pythonでの関数呼び出しでは、引数を位置で渡します。

```python
def remainder(number, divisor):
    return number % divisor

assert remainder(20, 7) == 6
```

　Python関数へのすべての位置引数は、キーワードでも引き渡すことができて、関数呼び出しの括

弧の中で引数の名前への代入式が用いられます。キーワード引数は、必要な位置引数がすべて指定されている限り、どんな順序でも引き渡すことができます。キーワード引数と位置引数を混ぜて使うこともできます。次のような呼び出しはどれも等価です。

```
remainder(20, 7)
remainder(20, divisor=7)
remainder(number=20, divisor=7)
remainder(divisor=7, number=20)
```

位置引数は、キーワード引数より前の位置で指定しなければなりません。

```
remainder(number=20, 7)

>>>
SyntaxError: non-keyword arg after keyword arg
```

各引数は、1回だけ指定できます。

```
remainder(20, number=7)

>>>
TypeError: remainder() got multiple values for argument
➥'number'
```

キーワード引数のもたらす柔軟性には3つの利点があります。

第一の利点は、キーワード引数が初めて読む人に関数呼び出しをより明らかにすることです。remainder(20, 7)という呼び出しでは、どちらの引数がnumberで、どちらがdivisorか、remainderメソッドの実装を見ない限りはっきりしません。キーワード引数による呼び出しでは、number=20とdivisor=7とによって、どの引数がどの目的に使われているのかがすぐわかります。

キーワード引数の第二の利点は、関数定義においてデフォルト値を持つことができるという点です。これによって関数を、ほとんどの場合にデフォルトの振る舞いをしながら、必要なときには追加的な機能を果たすようにできます。不必要にコードを繰り返すことなく、見た目がすっきりしたものになります。

例えば、おけに流し込む液体の流率を計算したいとします。おけが秤に乗っていれば、2つの異なった時間における重量の差を用いて流率を決定できます。

```
def flow_rate(weight_diff, time_diff):
    return weight_diff / time_diff

weight_diff = 0.5
time_diff = 3
flow = flow_rate(weight_diff, time_diff)
print('%.3f kg per second' % flow)
```

```
>>>
0.167 kg per second
```

普通は、流率を秒あたりのキログラムで知っておくのが有用でしょう。場合によっては、直近の
センサー測定値から、より長い時間尺度での時間あたりとか日あたりとかが役立つこともあるでしょ
う。そのような振る舞いを、同じ関数に時間尺度についての引数を追加することで与えることができ
ます。

```
def flow_rate(weight_diff, time_diff, period):
    return (weight_diff / time_diff) * period
```

問題は、これだと秒あたりの流率（periodが1）を普通に求めるときでも、period引数を1と指定
する必要があります。

```
flow_per_second = flow_rate(weight_diff, time_diff, 1)
```

これをスッキリさせるために、period引数にデフォルト値を与えることができます。

```
def flow_rate(weight_diff, time_diff, period=1):
    return (weight_diff / time_diff) * period
```

period引数はオプションになりました。

```
flow_per_second = flow_rate(weight_diff, time_diff)
flow_per_hour = flow_rate(weight_diff, time_diff, period=3600)
```

これは、デフォルト値が単純なときにはうまく働きます（デフォルト値が複雑なときには難しいこ
とがあります。「項目20 動的なデフォルト引数を指定するときにはNoneとドキュメンテーション文
字列を使う」を参照）。

キーワード引数を使う第三の利点は、既存の呼び出し元と後方互換性を保ちながら、関数の引数
を拡張できる強力な方法を提供するということです。これによって、多数のコードを移し替えること
なく、バグを生み出す可能性を減らして、機能を追加できます。

例えば、上のflow_rate関数をキログラム以外の重量単位でも計算できるように拡張したいとしま
しょう。それには、必要な測定単位への変換率を提供する新たな引数をオプションとして追加すれ
ばよいのです。

```
def flow_rate(weight_diff, time_diff,
              period=1, units_per_kg=1):
    return ((weight_diff * units_per_kg) / time_diff) * period
```

引数units_per_kgのデフォルト値は1で、その場合、戻り値の重量単位はキログラムのままです。
これは、既存の呼び出し元の振る舞いが一切変わらないことを意味します。flow_rateの新たな呼び

出し元は、新たなキーワード変数の値を指定して、新たな振る舞いを確認します。

```
pounds_per_hour = flow_rate(weight_diff, time_diff,
                            period=3600, units_per_kg=2.2)
print(pounds_per_hour)
```

この方式での唯一の問題点は、periodやunits_per_kgのようなオプションのキーワード引数が位置引数としても指定できるということです。

```
pounds_per_hour = flow_rate(weight_diff, time_diff, 3600, 2.2)
```

オプションの引数を位置的に指定すると、3600や2.2という値が何に対応するのかが明らかではないので、わかりにくくなります。オプションの引数は、キーワード名を使って指定し、位置引数を使わないことが一番よい方法です。

このようなオプションのキーワード引数を使った後方互換性は、*argsを受け取る関数にとっては重要なものだ（「項目18 可変長位置引数を使って、見た目をすっきりさせる」参照）。しかし、これよりも良いのは、キーワード専用引数を使う方法だ（「項目21 キーワード専用引数で明確さを高める」参照）。

覚えておくこと

- 関数の引数は、位置またはキーワードによって指定できる。
- キーワード引数は、位置引数だけでは紛らわしい場合に、各引数の目的を明らかにする。
- デフォルト値を設定したキーワード引数は、関数がすでに他から呼び出されている場合でも、その関数に新たな振る舞いを追加することを容易にする。
- オプションのキーワード引数は、位置ではなくキーワードで常に引き渡すべきである。

項目20：動的なデフォルト引数を指定するときにはNoneとドキュメンテーション文字列を使う

静的でない型をキーワード引数のデフォルト値に使いたいという場合がたまにあります。例えば、ログインした時間と一緒にロギングメッセージを印刷したいとしましょう。デフォルトでは、関数が呼ばれた時刻をメッセージに追加することにします。関数が呼ばれるたびにデフォルト引数が評価されるものと仮定して、次のようなコードを書くとしましょう。

```
def log(message, when=datetime.now()):
    print('%s: %s' % (when, message))
```

48 │ 2章 関数

```
log('Hi there!')
sleep(0.1)
log('Hi again!')

>>>
2014-11-15 21:10:10.371432: Hi there!
2014-11-15 21:10:10.371432: Hi again!
```

タイムスタンプが同じなのは、datetime.nowが、関数が定義されたときの1度だけしか評価され
ないためです。デフォルト引数の値は、モジュールのロードの際に一度しか評価されません。通常
は、それはプログラムがスタートしたときです。このコードを含んだモジュールがロードされた後は、
datetime.nowのデフォルト引数は、再度評価されることは決してありません。

Pythonで望ましい結果を得るための方法は、デフォルト値をNoneにして、ドキュメンテーション
文字列に実際の振る舞いを文書化することです（「項目49　すべての関数、クラス、モジュールにつ
いてドキュメンテーション文字列を書く」参照）。コードが引数値のNoneを見ると、デフォルト値を
ドキュメンテーションに従って代入します。

```
def log(message, when=None):
    """Log a message with a timestamp.

    Args:
        message: Message to print.
        when: datetime of when the message occurred.
            Defaults to the present time.
    """
    when = datetime.now() if when is None else when
    print('%s: %s' % (when, message))
```

今度は、タイムスタンプは異なってきます。

```
log('Hi there!')
sleep(0.1)
log('Hi again!')

>>>
2014-11-15 21:10:10.472303: Hi there!
2014-11-15 21:10:10.573395: Hi again!
```

デフォルト引数値にNoneを使うことは、引数が**変更可能**（mutable）な場合には特に重要です。例
えば、JSONのデータとして符号化された値をロードしたいとします。データの復号に失敗したら、
デフォルトとして空の辞書を返したいとします。次のようなコードを試してみましょう。

項目20：動的なデフォルト引数を指定するときにはNoneとドキュメンテーション文字列を使う | **49**

```python
def decode(data, default={}):
    try:
        return json.loads(data)
    except ValueError:
        return default
```

ここでの問題は、前の例題でのdatetime.nowについての問題と同じです。defaultに指定された辞書は、デフォルト引数が（モジュールロード時の）1回しか評価されないので、すべてのdecodeへの呼び出しで共有されます。これは、非常に驚くべき振る舞いをもたらします。

```python
foo = decode('bad data')
foo['stuff'] = 5
bar = decode('also bad')
bar['meep'] = 1
print('Foo:', foo)
print('Bar:', bar)

>>>
Foo: {'stuff': 5, 'meep': 1}
Bar: {'stuff': 5, 'meep': 1}
```

2つの異なる辞書が、それぞれ1つのキーと値を持つと期待していたことでしょう。しかし、1つを修正すると、もう1つも修正されてしまいます。原因は、fooもbarも両方ともdefault引数と等しいということです。同じ辞書オブジェクトなのです。

```python
assert foo is bar
```

これを直すには、キーワード引数のデフォルト値をNoneにして、関数のドキュメンテーション文字列に振る舞いを文書化します。

```python
def decode(data, default=None):
    """Load JSON data from a string.
    Args:
        data: JSON data to decode.
        default: Value to return if decoding fails.
            Defaults to an empty dictionary.
    """
    if default is None:
        default = {}
    try:
        return json.loads(data)
    except ValueError:
        return default
```

今度は、前と同じテストコードが期待した結果を生成します。

50 | 2章 関数

```
foo = decode('bad data')
foo['stuff'] = 5
bar = decode('also bad')
bar['meep'] = 1
print('Foo:', foo)
print('Bar:', bar)

>>>
Foo: {'stuff': 5}
Bar: {'meep': 1}
```

覚えておくこと

- デフォルト引数は一度しか評価されない。モジュールロード時の関数定義の時だけである。これは、({}や[]のような)動的な値に奇妙な振る舞いをもたらすことがある。
- 動的な値をとるキーワード引数のデフォルト値にNoneを用いる。実際の振る舞いを関数のドキュメンテーション文字列に文書化しておくこと。

項目21：キーワード専用引数で明確さを高める

　キーワードで引数を渡すのは、Python関数の強力な機能です（「項目19　キーワード引数にオプションの振る舞いを与える」参照）。キーワード引数の持つ柔軟性が、ユースケースを明確にするコードを書くことを可能にします。

　例えば、ある数を他の数で割るときに、特別な場合について注意したいとしましょう。ZeroDivisionError例外は無視して、代わりに無限大を返したいとします。また、OverflowError例外を無視して、代わりにゼロを返すことにします。

```
def safe_division(number, divisor, ignore_overflow,
                  ignore_zero_division):
    try:
        return number / divisor
    except OverflowError:
        if ignore_overflow:
            return 0
        else:
            raise
    except ZeroDivisionError:
        if ignore_zero_division:
            return float('inf')
        else:
            raise
```

項目21：キーワード専用引数で明確さを高める | **51**

この関数の使い方は明らかです。これを呼び出すと、割り算での **float** のオーバーフローが無視され、ゼロが返されます[*1]。

```
result = safe_division(1.0, 10**500, True, False)
print(result)

>>>
0
```

次の呼び出しは、ゼロによる除算のエラーを無視して無限大を返します。

```
result = safe_division(1.0, 0, False, True)
print(result)

>>>
inf
```

問題は、例外無視の振る舞いを制御する2つの論理変数の位置を簡単に取り違えてしまうことです。これは、原因究明が困難なバグを簡単に引き起こします。このコードの可読性を高める1つの方法は、キーワード引数を使うことです。デフォルトでは、この関数は過度に注意深く、例外を再度上げます。

```
def safe_division_b(number, divisor,
                    ignore_overflow=False,
                    ignore_zero_division=False):
    # ...
```

呼び出し元は、キーワード引数を使って、特定の演算に対するどの例外フラッグを無視するかをデフォルトの振る舞いをオーバーライドして指定できます。

```
safe_division_b(1.0, 10**500, ignore_overflow=True)
safe_division_b(1.0, 0, ignore_zero_division=True)
```

問題は、これらのキーワード引数がオプションなので、関数の呼び出し元にキーワード引数を明確化のために使用するよう強制することができないということです。この **safe_division_b** の新しい定義でも、位置引数を用いた古い方式で関数を呼び出すことができます。

```
safe_division_b(1.0, 10**500, True, False)
```

このような複雑な関数では、呼び出し元はその意図を明らかにする必要があるほうが望ましいのです。Python 3では、関数に対してキーワード専用引数（keyword-only argument）を要求して、明

[*1] 訳注：原書では、この例も含めて safe_devision の第1引数が1になっている。現在（2015年12月）GitHubにあるように、1.0に修正される予定。答えも原書では0.0になっている。本訳書ではすべて訂正済み。

52 | 2章 関数

確さを強制することができます。そのような引数は、キーワードだけで与えることができ、位置で与えることは決してできません。

safe_division関数を次のように再定義すると、キーワード専用引数を受け取るようになります。引数リストの中の*記号が、位置引数の終わりとキーワード専用引数の始まりを示します。

```
def safe_division_c(number, divisor, *,
                    ignore_overflow=False,
                    ignore_zero_division=False):
    # ...
```

こうすると、関数のキーワード引数を位置引数で呼び出しても動きません。

```
safe_division_c(1.0, 10**500, True, False)

>>>
TypeError: safe_division_c() takes 2 positional arguments but
➡4 were given
```

キーワード引数とそのデフォルト値は期待通りに動きます。

```
safe_division_c(1, 0, ignore_zero_division=True)  # OK

try:
    safe_division_c(1, 0)
except ZeroDivisionError:
    pass  # 期待通り
```

Python 2でのキーワード専用引数

残念ながら、Python 2には、Python 3のようなキーワード専用引数を指定する明示的な構文がありません。しかし、引数リストで**演算子を使うことによって、不当な関数呼び出しに対してTypeErrorを上げる同じ振る舞いを達成することができます。**演算子は、*演算子とよく似ています（「項目18　可変長位置引数を使って、見た目をすっきりさせる」参照）が、可変個数の位置引数を受け取るのではなく、たとえ定義されていなくとも、キーワード引数をいくつでも受け入れるのです。

```
# Python 2
def print_args(*args, **kwargs):
    print 'Positional:', args
    print 'Keyword:  ', kwargs

print_args(1, 2, foo='bar', stuff='meep')

>>>
Positional: (1, 2)
Keyword:    {'foo': 'bar', 'stuff': 'meep'}
```

項目21：キーワード専用引数で明確さを高める | **53**

Python 2で、`safe_division`がキーワード専用引数を取るようにするには、**kwargsを受け入れる関数を作ります。次に、kwargs辞書から期待するキーワード引数をpopします。キーがない場合にはデフォルト値を指定するようにpopメソッドの第二引数を使います。最終的に、kwargsにキーワード引数が残っていないことを確認して、呼び出し元が不当な引数を与えることを防ぎます。

```python
# Python 2
def safe_division_d(number, divisor, **kwargs):
    ignore_overflow = kwargs.pop('ignore_overflow', False)
    ignore_zero_div = kwargs.pop('ignore_zero_division', False)
    if kwargs:
        raise TypeError('Unexpected **kwargs: %r' % kwargs)
    # ...
```

関数をキーワード引数で、あるいは、キーワード引数なしで呼び出すことができます。

```python
safe_division_d(1.0, 10)
safe_division_d(1.0, 0, ignore_zero_division=True)
safe_division_d(1.0, 10**500, ignore_overflow=True)
```

キーワード専用引数を位置引数として受け渡そうとしても、Python 3と同様に、うまくいきません。

```python
safe_division_d(1.0, 0, False, True)
```

```
>>>
TypeError: safe_division_d() takes exactly 2 arguments (4 given)
```

予期しないキーワード引数を渡すのもうまくは行きません。

```python
safe_division_d(0.0, 0, unexpected=True)
```

```
>>>
TypeError: Unexpected **kwargs: {'unexpected': True}
```

覚えておくこと

- キーワード引数は、関数呼び出しの意図をより明確にする。
- キーワード専用引数を用いることで、特に、複数の論理型フラッグを使う場合など紛らわしい関数呼び出しの際に、呼び出し元に、キーワード引数を与えるように強制できる。
- Python 3は、関数にキーワード専用引数の明示的な構文を用意している。
- Python 2では、**kwargsを使い、TypeError例外を引き起こすことで、関数のキーワード専用引数をエミュレートできる。

3章
クラスと継承

オブジェクト指向プログラミング言語として、Pythonは、継承、ポリモルフィズム、カプセル化などの全機能をサポートしています。Pythonで仕事を仕上げるには、新たなクラスを書いて、そのインタフェースと階層とから、どのように相互作用するかを定義することが必要となるのが普通です。

Pythonのクラスと継承とにより、プログラムのオブジェクトによる意図した振る舞いを表現することがたやすくなります。長期間にわたって、機能を改善したり拡張したりすることができます。要件が変化する環境において、柔軟性を与えてくれます。これらをどのように使うべきかをよく知ることによって、保守可能なコードが書けるのです。

項目22：辞書やタプルで記録管理するよりもヘルパークラスを使う

Pythonに組み込まれている辞書型は、オブジェクトの生存期間に動的な内部状態を保守する素晴らしい道具です。**動的**（dynamic）という言葉で、予期せぬ識別子を帳簿記録する必要のある状況を意味しています。例えば、名前が前もってわかっていない学生集団の成績を記録しておきたいとしましょう。学生の定義済み属性を使う代わりに、辞書に名前を格納するクラスを定義できます。

```python
class SimpleGradebook(object):
    def __init__(self):
        self._grades = {}

    def add_student(self, name):
        self._grades[name] = []

    def report_grade(self, name, score):
        self._grades[name].append(score)
```

```
def average_grade(self, name):
    grades = self._grades[name]
    return sum(grades) / len(grades)
```

このクラスの使い方は単純です。

```
book = SimpleGradebook()
book.add_student('Isaac Newton')
book.report_grade('Isaac Newton', 90)
# ...
print(book.average_grade('Isaac Newton'))

>>>
90.0
```

辞書はあまりにも使いやすいので、拡張しすぎて脆弱なコードを書いてしまう危険があります。例えば、SimpleGradebook クラスを拡張して、すべてについてではなく、科目ごとに成績のリストを管理するようにしたいとします。これを、_grades 辞書が、学生の名前（キー）から別の辞書（値）へマップするよう変更することによって実現できます。一番内部にある辞書が、科目（キー）から成績（値）にマップします。

```
class BySubjectGradebook(object):
    def __init__(self):
        self._grades = {}

    def add_student(self, name):
        self._grades[name] = {}
```

これは、素直な拡張に思えます。report_grade と average_grade とは、複数のレベルを備えた辞書を扱うために、複雑になりますが、管理できる範囲です。

```
def report_grade(self, name, subject, grade):
    by_subject = self._grades[name]
    grade_list = by_subject.setdefault(subject, [])
    grade_list.append(grade)

def average_grade(self, name):
    by_subject = self._grades[name]
    total, count = 0, 0
    for grades in by_subject.values():
        total += sum(grades)
        count += len(grades)
    return total / count
```

このクラスの使い方はまだ単純です。

項目22：辞書やタプルで記録管理するよりもヘルパークラスを使う | **57**

```python
book = BySubjectGradebook()
book.add_student('Albert Einstein')
book.report_grade('Albert Einstein', 'Math', 75)
book.report_grade('Albert Einstein', 'Math', 65)
book.report_grade('Albert Einstein', 'Gym', 90)
book.report_grade('Albert Einstein', 'Gym', 95)
```

さて、要求がさらに変化したとしましょう。クラスの最終成績に対して、各点数に重みを与えて、中間及び最終テストの成績が普通の抜き打ち試験よりも重要だとします。この機能を実装する1つの方法は、一番内部の辞書を変更することです。科目（キー）をマップする成績（値）の値をタプル（score, weight）に変えるのです。

```python
class WeightedGradebook(object):
    # ...
    def report_grade(self, name, subject, score, weight):
        by_subject = self._grades[name]
        grade_list = by_subject.setdefault(subject, [])
        grade_list.append((score, weight))
```

report_gradeへの変更は単純で、値をタプルに変えただけですが、average_gradeメソッドは、ループの中にループがあり、読みにくくなっています。

```python
    def average_grade(self, name):
        by_subject = self._grades[name]
        score_sum, score_count = 0, 0
        for subject, scores in by_subject.items():
            subject_avg, total_weight = 0, 0
            for score, weight in scores:
                # ...
        return score_sum / score_count
```

クラスの使い方も難しくなっています。位置引数の数値が何を意味するか明確ではありません。

```python
book.report_grade('Albert Einstein', 'Math', 80, 0.10)
```

このような複雑さが生じるのを見たら、辞書とタプルからクラス階層に跳躍する時期です。

最初は、重み付きの成績を処理する必要のあることを知らなかったので、ヘルパークラスを追加する作業は不当なものでした。Pythonの組み込みの辞書とタプルの型を使っても、まだ内部の記録管理にレイヤーを積み重ね続けられるでしょう。しかし、入れ子の層が2段以上に増えるならこれは止めるべき（例えば、辞書を要素として含む辞書は避ける）です。コードが他のプログラマにとって読みにくくなり、保守の悪夢に直面する危険性があるからです。

記録管理が複雑になるとわかったらすぐに、それをクラスに分割しましょう。そうすると、データをより良くカプセル化したきちんと定義されたインタフェースが得られます。さらに、インタフェー

58 | 3章　クラスと継承

スと具体的な実装との間に抽象化層を設けることができます。

クラスへのリファクタリング

まず、依存性ツリーの最下部にある、個々の成績からクラス化を始めましょう。このような単純な情報に対して、クラスはあまりにも重量級に見えます。タプルは、成績が変更不可能なので、適切に見えます。次のように、リスト中の成績記録に、タプルを使ってみます。

```
grades = []
grades.append((95, 0.45))
# ...
total = sum(score * weight for score, weight in grades)
total_weight = sum(weight for _, weight in grades)
average_grade = total / total_weight
```

問題は、タプルが要素の位置で値を管理する点です。成績に、教師からのメモのような情報を関連付けようとすると、この2要素タプルを扱っているすべてのコードに関して、2要素ではなく3要素を扱えるように書き換えなければなりません。次のように_（名前が_の変数。Pythonでは、使わない変数にあてる）を使ってタプルの3番目の要素を無視できます。

```
grades = []
grades.append((95, 0.45, 'Great job'))
# ...
total = sum(score * weight for score, weight, _ in grades)
total_weight = sum(weight for _, weight, _ in grades)
average_grade = total / total_weight
```

このパターンのタプルを次々に長くしていくことは、辞書で層を深くしていくのと同じようなものです。2要素のタプルより長くしていることがわかったらすぐに、別の方式を考えるべきです。

collectionsモジュールのnamedtuple型は、まさに必要なことをしてくれます。小さな変更不可能なデータクラスを簡単に定義できます。

```
import collections
Grade = collections.namedtuple('Grade', ('score', 'weight'))
```

このクラスは、位置またはキーワード引数で構成できます。フィールドは名前付き属性でアクセスできます。名前付き属性があると、後になって要求が再び変わり、単純なデータコンテナに振る舞いを追加する必要が生じた時も、namedtupleからそれ用のクラスに移ることが容易になります。

項目22：辞書やタプルで記録管理するよりもヘルパークラスを使う | **59**

---

namedtupleの限界

namedtupleは多くの場合に有用ですが、害のほうが多くなることもあります。

- namedtupleクラスでは、デフォルト引数値を指定できない。データに多くのオプションプロパティがあるとき、これはやっかいなことになります。少数とは言えない個数の属性を扱うなら、それ専用のクラスを作るほうが良い選択です。
- namedtupleインスタンスの属性値は、数値の添字とイテレーションを使ってアクセスできる。外部化されたAPIの場合は特に、このような意図しない使い方をされていたために、後に本物のクラスに移行するのが難しくなることがあります。namedtupleインスタンスのすべての用途を制御できていないなら、自分のクラスを定義したほうがよいでしょう。

次に、一群の成績を含む1つの科目を表すクラスを書くことができます。

```python
class Subject(object):
    def __init__(self):
        self._grades = []

    def report_grade(self, score, weight):
        self._grades.append(Grade(score, weight))

    def average_grade(self):
        total, total_weight = 0, 0
        for grade in self._grades:
            total += grade.score * grade.weight
            total_weight += grade.weight
        return total / total_weight
```

そして、一人の学生が勉強している科目を表すクラスを書くことができます。

```python
class Student(object):
    def __init__(self):
        self._subjects = {}

    def subject(self, name):
        if name not in self._subjects:
            self._subjects[name] = Subject()
        return self._subjects[name]

    def average_grade(self):
        total, count = 0, 0
        for subject in self._subjects.values():
```

```
            total += subject.average_grade()
            count += 1
        return total / count
```

最後に、名前をキーにして動的に処理できるすべての学生のコンテナを書くことができます。

```
class Gradebook(object):
    def __init__(self):
        self._students = {}

    def student(self, name):
        if name not in self._students:
            self._students[name] = Student()
        return self._students[name]
```

このクラスの行数は前の実装のサイズのほぼ倍です。しかし、このコードはずっと読みやすいです。クラスを使った例は、より明確で拡張が容易です。

```
book = Gradebook()
albert = book.student('Albert Einstein')
math = albert.subject('Math')
math.report_grade(80, 0.10)
# ...
print(albert.average_grade())

>>>
81.5
```

必要なら、後方互換なメソッドを書いて、古いAPIスタイルの使用状況から新たなオブジェクト階層への移行を進めることができます。

覚えておくこと

- 値が他の辞書や長いタプルであるような辞書を作るのは止める。
- 完全なクラスの柔軟性が必要となる前は、軽量で変更不能データのコンテナであるnamedtupleを使う。
- 内部状態辞書が複雑になったら、記録管理コードを複数のヘルパークラスを使うように変更する。

項目23：単純なインタフェースにはクラスの代わりに関数を使う

項目23：単純なインタフェースにはクラスの代わりに関数を使う | **61**

Pythonには、関数を引き渡すことによって振る舞いをカスタマイズできる組み込みAPIが多くあります。このような仕組みを**フック**（hook）と呼び、APIは、実行中にそのコードをコールバックします。例えば、list型のsortメソッドは、オプションとしてkey引数を取り、各要素のソート値を決定するのに使います。keyフックとしてlambda式を与え、名前のリストを長さによってソートするコードを次に示します。

```
names = ['Socrates', 'Archimedes', 'Plato', 'Aristotle']
names.sort(key=lambda x: len(x))
print(names)

>>>
['Plato', 'Socrates', 'Aristotle', 'Archimedes']
```

他の言語だと、フックが抽象クラスで定義されます。Pythonでは、フックの多くは、きちんと定義された引数と戻り値を持ち、状態のない関数です。関数は記述が容易で、クラスよりも定義が単純なので、フックには理想的です。関数がフックとして働くのは、Pythonが関数を**ファーストクラス**としているからです。すなわち、Python言語では、関数とメソッドが、他の値と同様に、引き渡され参照できるからです。

例えば、defaultdictクラス（詳細は、「項目46 組み込みアルゴリズムとデータ構造を使う」参照）の振る舞いをカスタマイズしたいとしましょう。このデータ構造では、キーが見つからなかったら、そのたびに呼ばれる関数を与えることができます。その関数は、見つからなかったキーが辞書で持っているべきデフォルト値を返さねばなりません。キーが見つからないとログを取り、デフォルト値として0を返すフックを次のように定義します。

```
def log_missing():
    print('Key added')
    return 0
```

初期状態の辞書と追加データ集合を使って、このlog_missing関数が実行されます。次に示すように2度（'red'と'orange'）印刷します。

```
current = {'green': 12, 'blue': 3}
increments = [
    ('red', 5),
    ('blue', 17),
    ('orange', 9),
]
result = defaultdict(log_missing, current)
print('Before:', dict(result))
```

```
    for key, amount in increments:
        result[key] += amount
print('After: ', dict(result))

>>>
Before: {'green': 12, 'blue': 3}
Key added
Key added
After: {'orange': 9, 'green': 12, 'blue': 20, 'red': 5}
```

　log_missingのような関数を与えることで、副作用を決定的な振る舞いから切り離すことができるので、APIの構築とテストとが容易になります。例えば、defaultdictに渡すデフォルト値のフックを見つからないキーの全個数を数えるようにしたいとします。これを行う1つの方法は状態を持つ（stateful）クロージャを使うことです（詳細は、「項目15　クロージャが変数スコープとどう関わるかを知っておく」参照）。そのようなクロージャをデフォルト値のフックとして用いるヘルパー関数を次のように定義します。

```
    def increment_with_report(current, increments):
        added_count = 0

        def missing():
            nonlocal added_count  # クロージャの状態
            added_count += 1
            return 0

        result = defaultdict(missing, current)
        for key, amount in increments:
            result[key] += amount

        return result, added_count
```

　この関数を実行すると、defaultdictはmissingというフックが状態を保持していることをまったく関知しないにもかかわらず、期待された結果の(2)が得られます。これはインタフェースに単純な関数を使うもう1つの利点です。クロージャで状態を隠しながら、後で機能を追加することが容易になります。

```
    result, count = increment_with_report(current, increments)
    assert count == 2
```

　クロージャを状態を持つフックとすることの問題は、状態を持たない関数の例に比べて、読みにくいことです。別の方式として、追跡したい状態をカプセル化した小さなクラスを定義する方法があります。

項目23：単純なインタフェースにはクラスの代わりに関数を使う | **63**

```python
class CountMissing(object):
    def __init__(self):
        self.added = 0

    def missing(self):
        self.added += 1
        return 0
```

他の言語でなら、defaultdictを修正して、CountMissingを受け入れられるインタフェースにする必要があるでしょう。しかし、Pythonでは、関数がファーストクラスなので、オブジェクトで直接CountMissing.missingメソッドを参照して、それをデフォルト値フックとしてdefaultdictに渡すことができます。メソッドを関数のインタフェースに合わせるのは簡単なことです。

```python
counter = CountMissing()
result = defaultdict(counter.missing, current)  # メソッド参照

for key, amount in increments:
    result[key] += amount
assert counter.added == 2
```

このようなヘルパークラスを使って、状態を持つクロージャの振る舞いを提供することは、先ほどのincrement_with_reportよりも明確なコードになります。しかしながら、CountMissingクラス単独で見ると、このクラスの目的が何であるかがすぐにはわかりません。誰が、CountMissingオブジェクトを作るのでしょうか。誰がmissingメソッドを呼ぶのでしょうか。クラスには、将来他のパブリックメソッドが必要となるのでしょうか。defaultdictでどのように使われるのかを見るまでは、このクラスは謎のままです。

このような状況を切り抜けるために、Pythonは、クラスで特殊メソッド__call__を定義できます。__call__は、オブジェクトが関数のように呼び出されるのを許します。これは、そのようなインスタンスに対して、組み込み関数callableがTrueを返すようにします。

```python
class BetterCountMissing(object):
    def __init__(self):
        self.added = 0

    def __call__(self):
        self.added += 1
        return 0

counter = BetterCountMissing()
counter()
assert callable(counter)
```

次のように、BetterCountMissingインスタンスをdefaultdictのデフォルト値フックとして使っ

64 | 3章　クラスと継承

て、追加された中で、キーがなかったものの個数を追跡します。

```
counter = BetterCountMissing()
result = defaultdict(counter, current)  # __call__ に頼る
for key, amount in increments:
    result[key] += amount
assert counter.added == 2
```

これは、CountMissing.missingの例よりもずっとわかりやすいでしょう。__call__ メソッドは、クラスのインスタンスがどこかで（APIフックのように）関数引数として使われてもよいということを示唆します。これは、新たにコードを読んだ人に、クラスの基本的な振る舞いに対する責任のありかを示します。クラスの目的が状態を持つクロージャとして働くことであるという強い手がかりを与えます。

何よりも良いことは、__call__ を使っても、何が起こっているかについてdefaultdictが何も知らなくて良いことです。defaultdictに必要なことは、デフォルト値をフックする関数だけです。Pythonは、何を行いたいかに応じて、単純な関数インタフェースを満たすさまざまな方法をたくさん用意しています。

覚えておくこと

- Pythonのコンポーネント間の単純なインタフェースは、たいてい、クラスを定義してインスタンス化しないでも、関数で済ませられる。
- Pythonでは関数とメソッドの参照はファーストクラスなので、他の型同様、式中で使うことができる。
- 特殊メソッド __call__ は、クラスのインスタンスが、Pythonの普通の関数として呼び出されることを可能にする。
- 状態を保守するために関数が必要な場合、状態を持つクロージャ（「項目15　クロージャが変数スコープとどう関わるかを知っておく」参照）を定義する代わりに、__call__ メソッドを提供するクラスを定義することを考える。

項目24：@classmethodポリモルフィズムを使ってオブジェクトをジェネリックに構築する

Pythonでは、オブジェクトだけでなくクラスもポリモルフィズムをサポートします。それは、どういう意味で、どんないいことがあるのでしょうか。

ポリモルフィズムは、ある階層の複数のクラスが、あるメソッドのそれぞれのバージョンを実装する1つの方式です。この方式では、多くのクラスが同じインタフェース、あるいは、抽象基底クラス

項目24：@classmethod ポリモルフィズムを使ってオブジェクトをジェネリックに構築する | **65**

を実現しながら、異なった機能を提供します（例えば、「項目28　collections.abc からカスタムコンテナ型を継承する」を参照）。

　例えば、MapReduce の実装を書いていて、入力データを表す共通クラスが欲しいとします。サブクラスで定義する必要のある read メソッドを持つ共通クラスを次のように定義します。

```
class InputData(object):
    def read(self):
        raise NotImplementedError
```

データをディスクのファイルから読み込む、InputData の具体的なサブクラスは、次のようになります。

```
class PathInputData(InputData):
    def __init__(self, path):
        super().__init__()
        self.path = path

    def read(self):
        return open(self.path).read()
```

PathInputData のような InputData のサブクラスは、いくつでも作ることができて、それぞれで read が処理するバイト数のデータを読み込むための標準インタフェースを実装できます。他の InputData のサブクラスでは、ネットワークから読み込んだり、データを透過的に解凍したりするなどができます。

　入力データを標準的に消費する MapReduce の Worker にも同様の抽象インタフェースが欲しくなったとしましょう。

```
class Worker(object):
    def __init__(self, input_data):
        self.input_data = input_data
        self.result = None

    def map(self):
        raise NotImplementedError

    def reduce(self, other):
        raise NotImplementedError
```

具体的な Worker サブクラスを、適用したい MapReduce 関数として単純な改行のカウンタを定義します。

```
class LineCountWorker(Worker):
    def map(self):
```

```
        data = self.input_data.read()
        self.result = data.count('\n')

    def reduce(self, other):
        self.result += other.result
```

この実装は立派なものになりそうですが、一番大きなハードルに到達してしまいました。これら
の部品すべてを連結するのは何でしょうか。妥当なインタフェースと抽象化を備えた良いクラス
の集合があっても、オブジェクトが作られて初めて役に立つものです。オブジェクトを構築して、
MapReduceを統合する責任は誰が負うのでしょうか。

　最も単純な方式は、ヘルパー関数を使って、オブジェクトを構築して連携する作業を自分の手で行
うことです。ディレクトリの内容をリストして、そこに含まれる各ファイルに対するPathInputData
インスタンスを作ります。

```
def generate_inputs(data_dir):
    for name in os.listdir(data_dir):
        yield PathInputData(os.path.join(data_dir, name))
```

　次に、generate_inputsで返されたInputDataインスタンスを用いてLineCountWorkerインスタン
スを作ります。

```
def create_workers(input_list):
    workers = []
    for input_data in input_list:
        workers.append(LineCountWorker(input_data))
    return workers
```

　複数のスレッドに実行ステップをmapすることによって、これらのWorkerインスタンスを並列に実
行します（「項目37　スレッドはブロッキングI/Oに使い、並列性に使うのは避ける」参照）。そして、
繰り返しreduceを呼び出して、結果を1つの最終的な値にまとめます。

```
def execute(workers):
    threads = [Thread(target=w.map) for w in workers]
    for thread in threads: thread.start()
    for thread in threads: thread.join()

    first, rest = workers[0], workers[1:]
    for worker in rest:
        first.reduce(worker)
    return first.result
```

　最後に、これらの部品をまとめて、各ステップを実行する関数にします。

項目24：@classmethodポリモルフィズムを使ってオブジェクトをジェネリックに構築する | **67**

```
def mapreduce(data_dir):
    inputs = generate_inputs(data_dir)
    workers = create_workers(inputs)
    return execute(workers)
```

試験用の入力ファイルにこの関数を実行した結果は素晴らしいものでした。

```
from tempfile import TemporaryDirectory

def write_test_files(tmpdir):
    # ...

with TemporaryDirectory() as tmpdir:
    write_test_files(tmpdir)
    result = mapreduce(tmpdir)

print('There are', result, 'lines')

>>>
There are 4360 lines
```

　何が問題でしょう。大問題は、このmapreduce関数がまったくジェネリックではないことです。他のInputDataやWorkerといったサブクラスを書いたなら、generate_inputsやcreate_workersを書き直して、mapreduce関数がそれに対応しなければいけません。

　この問題を突き詰めると、オブジェクトを構築するジェネリックな方式が必要だということになります。他の言語では、コンストラクタポリモルフィズムを使って、各InputDataサブクラスが専用のコンストラクタを提供し、MapReduceを統合するヘルパーメソッドからジェネリックに利用すれば解決できます。しかし、Pythonでは、__init__という単一のコンストラクタメソッドしか許されません。すべてのInputDataサブクラスが、同じコンストラクタのみ使うようにするのは現実的ではありません。

　この問題を解く最良の方法は@classmethodポリモルフィズムを使うものです。これは、InputData.readで用いたインスタンスメソッドポリモルフィズムと本質的に同じですが、構築されたオブジェクトにではなく、クラス全体について適用される点が異なります。

　この方式をMapReduceクラスに適用しましょう。InputDataクラスを拡張して、共通のインタフェースを用いる、新たなInputDataインスタンスを作る責任を負う、ジェネリックなクラスメソッドを追加します。

```
class GenericInputData(object):
    def read(self):
        raise NotImplementedError
```

```
@classmethod
def generate_inputs(cls, config):
    raise NotImplementedError
```

generate_inputsは、GenericInputDataの具象サブクラスが解釈する設定パラメータの辞書を取ります。次のように、configで入力ファイルを探すディレクトリを指定します。

```
class PathInputData(GenericInputData):
    # ...
    def read(self):
        return open(self.path).read()

    @classmethod
    def generate_inputs(cls, config):
        data_dir = config['data_dir']
        for name in os.listdir(data_dir):
            yield cls(os.path.join(data_dir, name))
```

同様にして、create_workersヘルパー関数を、GenericWorkerクラスの一部として作ることができます。仮引数input_classにGenericInputDataのサブクラスを渡して、必要な入力を生成することにします。GenericWorkerの具象サブクラスのインスタンスを、cls()をジェネリックなコンストラクタとして呼び出し、作成します。

```
class GenericWorker(object):
    # ...
    def map(self):
        raise NotImplementedError

    def reduce(self, other):
        raise NotImplementedError

    @classmethod
    def create_workers(cls, input_class, config):
        workers = []
        for input_data in input_class.generate_inputs(config):
            workers.append(cls(input_data))
        return workers
```

上のinput_class.generate_inputsという呼び出しが、示そうとしているクラスポリモルフィズムであることに注意してください。create_workersがclsを呼び出すという方式が、__init__メソッドを直接使ってGenericWorkerオブジェクトを構築する方式に替わるものであることもわかるでしょう。

GenericWorkerの具象サブクラスへの影響は、親クラスを変更することだけです。

項目25：親クラスをsuperを使って初期化する | **69**

```python
class LineCountWorker(GenericWorker):
    # ...
```

最後に、mapreduce関数を書き直して、完全にジェネリックにします。

```python
def mapreduce(worker_class, input_class, config):
    workers = worker_class.create_workers(input_class, config)
    return execute(workers)
```

新しいWorkerを試験用のファイルに実行すると、前の実装の時と同じ結果が生成されます。違いは、mapreduce関数がジェネリックになったことで、より多くの引数が必要になることです。

```python
with TemporaryDirectory() as tmpdir:
    write_test_files(tmpdir)
    config = {'data_dir': tmpdir}
    result = mapreduce(LineCountWorker, PathInputData, config)
print('There are', result, 'lines')
```

今度は、GenericInputDataやGenericWorkerサブクラスを他に好きなように書いてよく、関係するコードを書き直す必要がありません。

覚えておくこと

- Pythonは、クラスに対して、__init__メソッドという1つのコンストラクタしかサポートしていない。
- クラスに対して、代わりのコンストラクタを定義するために@classmethodを使う。
- 具体化したサブクラスを作成して連携するジェネリックな方式を提供するには、クラスメソッドポリモルフィズムを使う。

項目25：親クラスをsuperを使って初期化する

子クラスから親クラスを初期化する古いやり方は、親クラスの__init__メソッドを子クラスのインスタンスで直接呼び出すことでした。

```python
class MyBaseClass(object):
    def __init__(self, value):
        self.value = value

class MyChildClass(MyBaseClass):
    def __init__(self):
        MyBaseClass.__init__(self, 5)
```

70 | 3章　クラスと継承

　この方式は、単純な階層では大丈夫ですが、多くの場合にうまくいきません。

　クラスが、多重継承（一般には避けるべきことです。「項目26　多重継承はmix-inユーティリティクラスだけに使う」参照）によって影響を受けているとき、スーパークラスの__init__メソッドを直接呼び出すと、予期せぬ振る舞いに遭遇することがあります。

　問題は、__init__メソッドの呼び出し順序がすべてのサブクラス間で規定されてはいないことです。例えば、インスタンスのvalueフィールドを操作する2つの親クラスを次のように定義したとします。

```
class TimesTwo(object):
    def __init__(self):
        self.value *= 2

class PlusFive(object):
    def __init__(self):
        self.value += 5
```

　親クラスを次に示すような順序でクラス定義します。

```
class OneWay(MyBaseClass, TimesTwo, PlusFive):
    def __init__(self, value):
        MyBaseClass.__init__(self, value)
        TimesTwo.__init__(self)
        PlusFive.__init__(self)
```

　このオブジェクトを構築すると、親クラスの順序に合致するような結果を出します。

```
foo = OneWay(5)
print('First ordering is (5 * 2) + 5 =', foo.value)

>>>
First ordering is (5 * 2) + 5 = 15
```

　次に、同じ親クラスで、ただし順序が異なるクラスを定義します。

```
class AnotherWay(MyBaseClass, PlusFive, TimesTwo):
    def __init__(self, value):
        MyBaseClass.__init__(self, value)
        TimesTwo.__init__(self)
        PlusFive.__init__(self)
```

　しかし、親クラスのコンストラクタへの呼び出し、PlusFive.__init__とTimesTwo.__init__とを前と同じ順序にしたので、このクラスの振る舞いは、その定義での親クラスの順序に対応しません。

```
bar = AnotherWay(5)
print('Second ordering still is', bar.value)
```

項目25：親クラスをsuperを使って初期化する | **71**

```
>>>
Second ordering still is 15
```

　他の問題がダイヤモンド継承で生じます。ダイヤモンド継承とは、サブクラスが2つの別々のクラスから継承し、かつその2つが継承階層で同じスーパークラスを持っている場合に生じます。ダイヤモンド継承では、共通のスーパークラスの__init__メソッドが何回も実行され、予期せぬ振る舞いを引き起こします。例えば、MyBaseClassを継承する2つの子クラスを次のように定義します。

```
class TimesFive(MyBaseClass):
    def __init__(self, value):
        MyBaseClass.__init__(self, value)
        self.value *= 5

class PlusTwo(MyBaseClass):
    def __init__(self, value):
        MyBaseClass.__init__(self, value)
        self.value += 2
```

　そして、これら2つのクラスを継承する子クラスを定義して、MyBaseClassをダイヤモンドの頂点にします。

```
class ThisWay(TimesFive, PlusTwo):
    def __init__(self, value):
        TimesFive.__init__(self, value)
        PlusTwo.__init__(self, value)

foo = ThisWay(5)
print('Should be (5 * 5) + 2 = 27 but is', foo.value)

>>>
Should be (5 * 5) + 2 = 27 but is 7
```

　出力は、(5 * 5) + 2 = 27なので、27のはずです。しかし、2番目の親クラスのコンストラクタPlusTwo.__init__の呼び出しでは、MyBaseClass.__init__が2回目に呼び出されたところで、5にリセットされるのです。

　この問題を解決するために、Python 2.2は組み込み関数superを追加して、メソッド解決順序（MRO）を定義しました。MROは、どのスーパークラスが他より前に（例えば、深さ優先、左から右）[*1]初期化されるかを標準化しました。さらに、ダイヤモンド継承の共通スーパークラスが一度しか実行されないことを保証しました。

---

*1　訳注：この記述は例え話であり、MROが深さ優先探索、左から右というルールで定義されるわけではない。MROはC3 linearizationアルゴリズムで定義される。

72 | 3章 クラスと継承

もう一度次のようにダイヤモンド形の階層を作りますが、今度は、（Python 2スタイルで）super
を使って親クラスを初期化します。

```
# Python 2
class TimesFiveCorrect(MyBaseClass):
    def __init__(self, value):
        super(TimesFiveCorrect, self).__init__(value)
        self.value *= 5

class PlusTwoCorrect(MyBaseClass):
    def __init__(self, value):
        super(PlusTwoCorrect, self).__init__(value)
        self.value += 2
```

ダイヤモンドの頂点、MyBaseClass.__init__ は、今度は1回しか実行しません。他の親クラスは、
class文で規定された順序で実行されます。

```
# Python 2
class GoodWay(TimesFiveCorrect, PlusTwoCorrect):
    def __init__(self, value):
        super(GoodWay, self).__init__(value)

foo = GoodWay(5)
print 'Should be 5 * (5 + 2) = 35 and is', foo.value

>>>
Should be 5 * (5 + 2) = 35 and is 35
```

この順序は、最初は逆に見えるかもしれません。TimesFiveCorrect.__init__ が最初に実行される
べきじゃなかったのか？結果は、(5 * 5) + 2 = 27のはずではなかったか？答えはそうではありま
せんでした。この順序が、MROがこのクラスで定義するのと合致しています。MRO順序は、mroと
呼ばれるクラスメソッドで得られます。

```
from pprint import pprint
pprint(GoodWay.mro())

>>>
[<class '__main__.GoodWay'>,
 <class '__main__.TimesFiveCorrect'>,
 <class '__main__.PlusTwoCorrect'>,
 <class '__main__.MyBaseClass'>,
 <class 'object'>]
```

GoodWay(5)を呼び出すと、TimesFiveCorrect.__init__ が呼ばれ、それは、PlusTwoCorrect.__
init__を呼び出し、それがMyBaseClass.__init__を呼び出します。ダイヤモンドの頂点に達

すると、初期化メソッドのすべては、その__init__関数が呼ばれたのと逆順で作業をします。MyBaseClass.__init__は、valueに5を代入します。PlusTwoCorrect.__init__は2を足して、valueを7にします。TimesFiveCorrect.__init__が5を掛けてvalueを35にします。

組み込み関数superは、きちんと仕事をしますが、Python 2では、2つの顕著な問題が残っています。

- 構文がちょっとうるさい。使っているクラス、selfオブジェクト、メソッド名（通常は__init__）、すべての引数を指定しないといけない。この構成は、新人のPythonプログラマを惑わせる。
- superの呼び出しで、現在のクラスを名前で指定しなければならない。クラス階層を改良するときによく行うことだが、クラスの名前を変更すると、superへのすべての呼び出しを更新する必要がある。

ありがたいことに、Python 3のsuperは引数なしでも__class__とselfを指定した場合と等価な処理を行うので、これらの問題が解消されます。Python 3では、superを常に使うべきです。それによって、明確、簡潔、かつ常に正しいことがなされるからです。

```python
class Explicit(MyBaseClass):
    def __init__(self, value):
        super(__class__, self).__init__(value * 2)

class Implicit(MyBaseClass):
    def __init__(self, value):
        super().__init__(value * 2)

assert Explicit(10).value == Implicit(10).value
```

これがうまくいくのは、Python 3が__class__変数を用いて、確実にメソッドの現在のクラスを参照してくれるためです。Python 2では、__class__が定義されていないので、うまくいきません。self.__class__をsuperへの引数で使えるのではないかと思うでしょうが、Python 2でのsuperの実装方式のせいでうまくいきません。

覚えておくこと

- Pythonの標準メソッド解決順序（MRO）は、スーパークラスの初期化順序とダイヤモンド継承の問題を解消する。
- 親クラスを初期化するには、常に、組み込み関数superを使う。

項目26：多重継承はmix-inユーティリティクラスだけに使う

Pythonは、多重継承を扱いやすくする組み込み機能を備えたオブジェクト指向言語です（「項目25 親クラスをsuperを使って初期化する」参照）。しかし、多重継承はそもそも避けたほうが賢明です。

多重継承による簡便さとカプセル化が望ましい場合、代わりにmix-inを書くことを考えましょう。mix-inは、クラスが提供すべき一連の追加のメソッドを定義するだけの小さなクラスです。mix-inクラスは、インスタンス属性を持たず、__init__コンストラクタを呼び出す必要もありません。

Pythonではmix-inを書くのが容易です。それは、型にかかわらず現在の状態を調べるのが簡単にできるからです。動的インスペクションのおかげで、他の多くのクラスにも適用できるジェネリックな機能をmix-inで一度に書くことができるのです。mix-inは、コードの繰り返しを最小化して再利用を最大化するように、組み合わせて層別に作ることができます。

例えば、Pythonのオブジェクトをメモリ内の表現からシリアライズできる辞書表現に変換する機能を求めているとしましょう。すべてのクラスに使えるようなジェネリックな機能として書いた方がよいに決まっています。

そのmix-inの例を、継承した任意のクラスで追加される新たなパブリックメソッドとして次のように定義します。

```python
class ToDictMixin(object):
    def to_dict(self):
        return self._traverse_dict(self.__dict__)
```

実装の詳細は単純で、hasattrを用いた動的属性アクセス、isinstanceによる動的型インスペクション、インスタンスの辞書__dict__へのアクセスを使います。

```python
    def _traverse_dict(self, instance_dict):
        output = {}
        for key, value in instance_dict.items():
            output[key] = self._traverse(key, value)
        return output

    def _traverse(self, key, value):
        if isinstance(value, ToDictMixin):
            return value.to_dict()
        elif isinstance(value, dict):
            return self._traverse_dict(value)
        elif isinstance(value, list):
            return [self._traverse(key, i) for i in value]
        elif hasattr(value, '__dict__'):
            return self._traverse_dict(value.__dict__)
        else:
            return value
```

項目26：多重継承はmix-inユーティリティクラスだけに使う | **75**

このmix-inを使って二分木の辞書表現を作るクラスの例を定義します。

```python
class BinaryTree(ToDictMixin):
    def __init__(self, value, left=None, right=None):
        self.value = value
        self.left = left
        self.right = right
```

多数の関連するPythonオブジェクトを辞書に変換するのが容易になります。

```python
tree = BinaryTree(10,
    left=BinaryTree(7, right=BinaryTree(9)),
    right=BinaryTree(13, left=BinaryTree(11)))
print(tree.to_dict())
>>>
{'left': {'left': None,
          'right': {'left': None, 'right': None, 'value': 9},
          'value': 7},
 'right': {'left': {'left': None, 'right': None, 'value': 11},
           'right': None,
           'value': 13},
 'value': 10}   *1
```

mix-inの一番良いところは、ジェネリックな機能がプラグイン可能になり、必要なときに振る舞いをオーバーライドできることです。例えば、次のようにBinaryTreeのサブクラスを親への参照を保持するように定義します。この循環参照は、ToDictMixin.to_dictのデフォルトの実装だと永久にループしてしまいます。

```python
class BinaryTreeWithParent(BinaryTree):
    def __init__(self, value, left=None,
                 right=None, parent=None):
        super().__init__(value, left=left, right=right)
        self.parent = parent
```

解決法は、BinaryTreeWithParentクラスのToDictMixin._traverseメソッドをオーバーライドして、必要な値だけを処理して、mix-inで出会う循環サイクルを防ぐことです。次のように、_traverseメソッドをオーバーライドして、親を横断せず、その数値だけを挿入するようにします。

```python
    def _traverse(self, key, value):
        if (isinstance(value, BinaryTreeWithParent) and
                key == 'parent'):
            return value.value  # サイクルを防ぐ
```

---

*1　訳注：GitHubでコードを見た人はすでに気付いているだろうが、この辞書の出力は、pprint（pretty-printとも言う）の整形出力による。ただのprintは、要素を羅列するだけなので、構造が見にくい。

```
        else:
            return super()._traverse(key, value)
```

BinaryTreeWithParent.to_dictは、循環参照が発生するプロパティは追跡しないので、問題なく
動きます。

```
root = BinaryTreeWithParent(10)
root.left = BinaryTreeWithParent(7, parent=root)
root.left.right = BinaryTreeWithParent(9, parent=root.left)
orig_print = print
print(root.to_dict())

>>>
{'left': {'left': None,
          'parent': 10,
          'right': {'left': None,
                    'parent': 7,
                    'right': None,
                    'value': 9},
          'value': 7},
 'parent': None,
 'right': None,
 'value': 10}
```

BinaryTreeWithParent._traverseを定義することで、BinaryTreeWithParent型の属性を持つすべ
てのクラスでも、ToDictMixinが自動的に働くようになります。

```
class NamedSubTree(ToDictMixin):
    def __init__(self, name, tree_with_parent):
        self.name = name
        self.tree_with_parent = tree_with_parent

my_tree = NamedSubTree('foobar', root.left.right)
orig_print = print
print(my_tree.to_dict())  # 無限ループにならない

>>>
{'name': 'foobar',
 'tree_with_parent': {'left': None,
                      'parent': 7,
                      'right': None,
                      'value': 9}}
```

mix-inは組み合わせて作ることもできます。例えば、どのクラスに対してもジェネリックな
JSONシリアライゼーションを提供するmix-inが欲しいとしましょう。(ToDictMixinクラスで供給
されるかもしれませんが) to_dictメソッドを供給するクラスがあると仮定して次のようにできます。

項目26：多重継承はmix-inユーティリティクラスだけに使う | **77**

```python
class JsonMixin(object):
    @classmethod
    def from_json(cls, data):
        kwargs = json.loads(data)
        return cls(**kwargs)

    def to_json(self):
        return json.dumps(self.to_dict())
```

JsonMixinクラスがどのようにインスタンスメソッドとクラスメソッドを定義しているか気をつけてみてください。mix-inは、どちらの振る舞いにも追加を許します。この例では、JsonMixinの要件は、クラスが**to_dict**メソッドを持ち、その__init__メソッドがキーワード引数を取る（「項目19キーワード引数にオプションの振る舞いを与える」参照）ことだけです。

このmix-inは、ちょっとした一般的な決まり文句でJSONとシリアライゼーションをやりとりするユーティリティクラスの階層作りを単純化します。例えば、データセンタートポロジーの一部を表すデータクラス階層が次のようにできます。

```python
class DatacenterRack(ToDictMixin, JsonMixin):
    def __init__(self, switch=None, machines=None):
        self.switch = Switch(**switch)
        self.machines = [
            Machine(**kwargs) for kwargs in machines]

class Switch(ToDictMixin, JsonMixin):
    # ...

class Machine(ToDictMixin, JsonMixin):
    # ...
```

これらのクラスをシリアライズしてJSONでやりとりするのは簡単です。データがシリアライズされ、デシリアライズされることをラウンドトリップで検証します。

```python
serialized = """{
    "switch": {"ports": 5, "speed": 1e9},
    "machines": [
        {"cores": 8, "ram": 32e9, "disk": 5e12},
        {"cores": 4, "ram": 16e9, "disk": 1e12},
        {"cores": 2, "ram": 4e9, "disk": 500e9}
    ]
}"""

deserialized = DatacenterRack.from_json(serialized)
roundtrip = deserialized.to_json()
assert json.loads(serialized) == json.loads(roundtrip)
```

78 | 3章　クラスと継承

このようにmix-inを使うときには、クラスがすでにオブジェクト階層の上の方でJsonMixinを継承していても構いません。結果として得られるクラスは、同じように振る舞います。

覚えておくこと

- mix-inクラスで同じ結果が得られるなら、多重継承を使うのを止める。
- インスタンスレベルでプラグイン可能な振る舞いを使い、mix-inクラスが必要なときに、クラスごとにカスタマイズする[*1]。
- 単純な振る舞いから複雑な機能を構成するようにmix-inを組み合わせて作る。

項目27：プライベート属性よりはパブリック属性が好ましい

Pythonのクラスの属性の可視性は、**パブリック**（public）と**プライベート**（private）の2種類しかありません。

```
class MyObject(object):
    def __init__(self):
        self.public_field = 5
        self.__private_field = 10

    def get_private_field(self):
        return self.__private_field
```

パブリック属性は、オブジェクトのドット演算子で誰もがアクセスできます。

```
foo = MyObject()
assert foo.public_field == 5
```

プライベートフィールドは、属性の名前の先頭に下線が2つ付くことで示されます。含んでいるクラスのメソッドからは直にアクセスできます。

```
assert foo.get_private_field() == 10
```

クラスの外側から、プライベートフィールドに直にアクセスしようとすると、例外が引き起こされます。

```
foo.__private_field

>>>
```

[*1]　訳注：少しわかりにくいかもしれない。75ページの「mix-inの一番良いところは」という箇所を指している。「インスタンスレベル」という言葉は、ここでは初出だが、_traversメソッドが@classmethodではなく、インスタンスのレベルのメソッドだということを指している。

項目27：プライベート属性よりはパブリック属性が好ましい | **79**

```
AttributeError: 'MyObject' object has no attribute
➥'__private_field'
```

クラスメソッドも、取り囲むclassブロックの内部で宣言されているので、プライベート属性にアクセスできます。

```
class MyOtherObject(object):
    def __init__(self):
        self.__private_field = 71

    @classmethod
    def get_private_field_of_instance(cls, instance):
        return instance.__private_field

bar = MyOtherObject()
assert MyOtherObject.get_private_field_of_instance(bar) == 71
```

プライベートフィールドについては予期されることですが、サブクラスは、親クラスのプライベートフィールドにアクセスできません。

```
class MyParentObject(object):
        def __init__(self):
            self.__private_field = 71

class MyChildObject(MyParentObject):
        def get_private_field(self):
            return self.__private_field

baz = MyChildObject()
baz.get_private_field()

>>>
AttributeError: 'MyChildObject' object has no attribute
➥'_MyChildObject__private_field'
```

プライベート属性の振る舞いは、属性名の単純な変換で実装されています。Pythonコンパイラが MyChildObject.get_private_fieldメソッドのようなプライベート属性へのアクセスを、__private_fieldの代わりに_MyChildObject__private_fieldにアクセスするよう変換します。この例では、__private_fieldがMyParentObject.__init__でだけ定義されていて、プライベート属性の本当の名前が_MyParentObject__private_fieldであることを意味します。子クラスから親のプライベート属性にアクセスすると、変換された属性名が合致しないという単純な理由で失敗します。

この方式がわかっていれば、サブクラスや外部から許可をもらわなくても、任意のクラスのプライベート属性にたやすくアクセスできます。

80 | 3章 クラスと継承

```
assert baz._MyParentObject__private_field == 71
```

オブジェクトの属性辞書を見れば、プライベート属性が実は変換後に表示される名前で登録されていることがわかるでしょう。

```
print(baz.__dict__)

>>>
{'_MyParentObject__private_field': 71}
```

なぜ、プライベート属性の構文は、厳密な可視性を強制しないのでしょうか。最も単純な回答は、よく引用されるPythonのモットー「みんないい大人なんだから。」です。Pythonプログラマは、オープンであることの便益がクローズであることへの誘惑を上回ると信じているのです。

この線を越えて、属性アクセスのような言語機能に対してフックができるということ（「項目32　遅延属性には__getattr__, __getattribute__, __setattr__を使う」参照）は、望みさえすればオブジェクトの内部を滅茶苦茶にしてしまえるということです。そうすることができるのだとしたら、プライベート属性アクセスを防止しようとするPythonの価値はどこにあるのでしょうか。

知らないで内部にアクセスするダメージを最小化するために、Pythonプログラマはスタイルガイドで定義された命名法に従っています（「項目2　PEP 8スタイルガイドに従う」参照）。（_protected_fieldのような）下線1つを頭に持つフィールドは保護（protected）されていて、クラスの外部ユーザは、注意して処理しなければいけないことを意味します。

しかし、新しくPythonを使うプログラマの多くは、サブクラスや外部からアクセスされるべきでない内部APIであることを示すためにプライベートフィールドを使っています。

```
class MyClass(object):
    def __init__(self, value):
        self.__value = value

    def get_value(self):
        return str(self.__value)

foo = MyClass(5)
assert foo.get_value() == '5'
```

これは間違ったやり方です。必然的に、自分も含めて誰かがサブクラスを作り、新たな振る舞いを追加したり、既存のメソッドの不具合を避ける（先ほどの例では、MyClass.get_valueは常に文字列を返す）ための処理をします。プライベート属性を選んだことで、サブクラスがオーバーライドして、面倒で一時的な拡張を行うようにしているだけです。サブクラスは、絶対必要となれば、プライベートフィールドにアクセスすることもできるのです。

項目27：プライベート属性よりはパブリック属性が好ましい | **81**

```python
class MyIntegerSubclass(MyClass):
    def get_value(self):
        return int(self._MyClass__value)

foo = MyIntegerSubclass(5)
assert foo.get_value() == 5
```

クラス階層が下の方で変わったらどうなるでしょうか。プライベート参照が正当なものでなくなるために、これらのクラスはダメになります。MyIntegerSubclassの直接の親クラスのMyClassが、MyBaseClassという別の親クラスを追加されていたとしましょう。

```python
class MyBaseClass(object):
    def __init__(self, value):
        self.__value = value
    # ...

class MyClass(MyBaseClass):
    # ...

class MyIntegerSubclass(MyClass):
    def get_value(self):
        return int(self._MyClass__value)
```

__value属性は、親クラスMyBaseClassで代入されていて、親のMyClassではありません。したがって、プライベート変数への参照self._MyClass__valueは、MyIntegerSubclassでは動きません。

```python
foo = MyIntegerSubclass(5)
foo.get_value()

>>>
AttributeError: 'MyIntegerSubclass' object has no attribute
➡'_MyClass__value'
```

一般に、保護（プロテクテッド）属性を用いてサブクラスに多くのことをやらせて失敗するほうがまだましです。保護フィールドそれぞれに文書化して、サブクラスで使える内部APIがどれであり、どれを使うべきでないかを説明しておくことです。これは、他のプログラマに対してだけでなく、将来自分がコードを安全に拡張する場合にもガイダンスになります。

```python
class MyClass(object):
    def __init__(self, value):
        # This stores the user-supplied value for the object.
        # It should be coercible to a string. Once assigned for
```

82 | 3章　クラスと継承

```
    # the object it should be treated as immutable.*1
    self._value = value
```

　プライベート属性を使うことをまじめに考えるべきなのは、サブクラスとの名前の衝突を心配しなければならないときだけです。この問題は、親クラスですでに定義されている名前を、知らずに属性を定義したときに生じます。

```
class ApiClass(object):
    def __init__(self):
        self._value = 5

    def get(self):
        return self._value

class Child(ApiClass):
    def __init__(self):
        super().__init__()
        self._value = 'hello'  # 衝突

a = Child()
print(a.get(), 'and', a._value, 'should be different')

>>>
hello and hello should be different
```

　これは、主として公開APIの一部であるクラスについての問題で、サブクラスはコントロールできないので、この問題を解決するためにリファクタリングすることもできません。そのような衝突は、（valueのような）非常によく使われる属性名では特に顕著です。このようなことが起こるリスクを低減させるために、親クラスでプライベート属性を用いて、子クラスと重複する属性名がないようにすることができます。

```
class ApiClass(object):
    def __init__(self):
        self.__value = 5

    def get(self):
        return self.__value

class Child(ApiClass):
    def __init__(self):
        super().__init__()
        self._value = 'hello'  # OK!
```

＊1　訳注：文書部分の訳は次の通り「これはオブジェクトのユーザ供給値を格納する。文字列に強制型変換可能。オブジェクトに代入後は変更不能として扱うべき。」

```
a = Child()
print(a.get(), 'and', a._value, 'are different')

>>>
5 and hello are different
```

覚えておくこと

- プライベート属性は、Pythonコンパイラが厳密に強制しているものではない。
- サブクラスを締め出すのではなく、内部APIと属性を利用できるように最初から考慮しておくこと。
- プライベート属性としてアクセスを制御するのは避け、保護フィールドについてドキュメンテーションで説明する。
- プライベート属性は、コントロール外のサブクラスによる名前衝突を避けるためだけに考慮する。

項目28：カスタムコンテナ型はcollections.abc を継承する

　Pythonのプログラミングの多くは、データを含むクラスを定義して、そのオブジェクトが互いにどのように関係するかを記述します。Pythonのすべてのクラスは、ある種のコンテナで、属性と関数とを一緒にカプセル化しています。Pythonは、データを管理するための、リスト、タプル、集合、辞書という組み込みコンテナ型も提供しています。

　シーケンスのような単純なユースケースのクラスを設計する場合には、Pythonの組み込みlist型のサブクラスを直接作りたいと思うのは当然でしょう。例えば、その要素の頻度を数える追加メソッドを持った自分のカスタムlist型を作りたいとしましょう。

```
class FrequencyList(list):
    def __init__(self, members):
        super().__init__(members)

    def frequency(self):
        counts = {}
        for item in self:
            counts.setdefault(item, 0)
            counts[item] += 1
        return counts
```

　listのサブクラスにすることで、listの標準機能がすべて使えて、Pythonプログラマが慣れ親しんだセマンティクスを保持できます。追加メソッドは必要な振る舞いを追加します。

```
foo = FrequencyList(['a', 'b', 'a', 'c', 'b', 'a', 'd'])
print('Length is', len(foo))
foo.pop()
print('After pop:', repr(foo))
```

```
print('Frequency:', foo.frequency())

>>>
Length is 7
After pop: ['a', 'b', 'a', 'c', 'b', 'a']
Frequency: {'a': 3, 'c': 1, 'b': 2}
```

さて、listのように添字が使えるのだが、listのサブクラスではないオブジェクトを提供したいと仮定しましょう。例えば、二分木クラスに（listやtupleのような）シーケンスのセマンティクスを提供したいとします。

```
class BinaryNode(object):
    def __init__(self, value, left=None, right=None):
        self.value = value
        self.left = left
        self.right = right
```

これをどのようにして、シーケンス型のように振る舞わせましょうか。Pythonは、コンテナの振る舞いを特別の名前を持ったインスタンスメソッドで実装しています。次のように、シーケンスに添字でアクセスすると、

```
bar = [1, 2, 3]
bar[0]
```

これを次のように解釈します。

```
bar.__getitem__(0)
```

BinaryNodeクラスをシーケンスのように振る舞わせるには、オブジェクトの木を深さ優先で横断する __getitem__ のカスタム実装を提供すればよいのです。

```
class IndexableNode(BinaryNode):
    def _search(self, count, index):
        # ...
        # (found, count)を返す

    def __getitem__(self, index):
        found, _ = self._search(0, index)
        if not found:
            raise IndexError('Index out of range')
        return found.value
```

二分木はいつものように構築できます。

```
tree = IndexableNode(
    10,
    left=IndexableNode(
```

項目 28：カスタムコンテナ型は collections.abc を継承する | **85**

```
        5,
        left=IndexableNode(2),
        right=IndexableNode(
            6, right=IndexableNode(7))),
    right=IndexableNode(
        15, left=IndexableNode(11)))
```

しかも、木を普通に横断するだけでなく、list のようにアクセスできます。

```
print('LRR =', tree.left.right.right.value)
print('Index 0 =', tree[0])
print('Index 1 =', tree[1])
print('11 in the tree?', 11 in tree)
print('17 in the tree?', 17 in tree)
print('Tree is', list(tree))

>>>
LRR = 7
Index 0 = 2
Index 1 = 5
11 in the tree? True
17 in the tree? False
Tree is [2, 5, 6, 7, 10, 11, 15]
```

問題は、__getitem__ を実装しただけでは、期待するシーケンスのセマンティクスのすべてを提供するには十分でないということです。

```
len(tree)

>>>
TypeError: object of type 'IndexableNode' has no len()
```

組み込み関数 len には、別の特別な、__len__ という名のメソッドがカスタムなシーケンス型で実装されている必要があります。

```
class SequenceNode(IndexableNode):
    def __len__(self):
        _, count = self._search(0, None)
        return count

tree = SequenceNode(
    # ...
)

print('Tree has %d nodes' % len(tree))

>>>
Tree has 7 nodes
```

86 │ 3章　クラスと継承

残念ながら、これでも十分ではありません。欠けているものには、Pythonプログラマなら、list
やtupleのようなシーケンスに期待するcountやindexというメソッドがあります。自分のコンテナ
型を定義するのは、見かけよりはずっと困難です。

Pythonで、この困難さを乗り越えるために、組み込みのcollections.abcモジュールがコンテナ
型の典型的なメソッドをすべて提供する抽象基底クラスを定義しています。この抽象基底クラスを
作って、必要なメソッドの実装を忘れていると、モジュールがどこかおかしいと教えてくれます。

```
from collections.abc import Sequence

class BadType(Sequence):
    pass

foo = BadType()

>>>
TypeError: Can't instantiate abstract class BadType with
➥abstract methods __getitem__, __len__
```

先ほどのSequenceNodeでしたように、抽象基底クラスに必要なすべてのメソッドを実装すれば、
indexやcountのような追加メソッドはすべて、何もしなくても提供されます。

```
class BetterNode(SequenceNode, Sequence):
    pass

tree = BetterNode(
    # ...
)

print('Index of 7 is', tree.index(7))
print('Count of 10 is', tree.count(10))

>>>
Index of 7 is 3
Count of 10 is 1
```

このような抽象基底クラスを使う便益は、Pythonの規約に従って実装するのが必要な特殊メソッド
の個数が膨大な、SetやMutableMappingのようなもっと複雑な型では、さらに大きなものとなります。

覚えておくこと

- 単純なユースケースでは、(listやdictのような) Pythonのコンテナ型から直接継承する。
- カスタムコンテナ型を正しく実装するには多数のメソッドが必要なことに注意する。
- 作ったクラスが必要なインタフェースと振る舞いを備えていることを確かなものにするために、
  カスタムコンテナ型はcollections.abcで定義されたインタフェースを継承する。

4章
メタクラスと属性

　メタクラスは、Pythonの特長として挙げられますが、実際にそれで何ができるのか理解している人はわずかです。**メタクラス**（metaclass）という名前はクラスより上の概念をぼんやりと意味しています。単純化すると、メタクラスはPythonのclass文に割り込んで、クラスが定義されるたびに特別な振る舞いを与えるものです。

　同様の不思議さと力を持っているのが、Pythonに組み込まれている動的カスタマイズ属性アクセス機能です。それらは、Pythonのオブジェクト指向機能とともに、単純なクラスから複雑なクラスへと遷移するときの素晴らしいツールを提供します。

　しかしながら、これらの強力な機能には、落とし穴がいっぱいあります。動的属性では、オブジェクトをオーバーライドして、予期しない副作用を起こします。メタクラスは、初心者には手に負えない、とても奇怪な振る舞いを生じます。**驚き最小の原則**（rule of least surprise）に従って、これらの機構をよく理解されたイディオムを実装するためだけに使うことが重要です。

項目29：getやsetメソッドよりも素のままの属性を使う

　他の言語からPythonに移ってきたプログラマは、ごく自然にクラスの中でゲッターやセッターメソッドを明示的に実装しようとするものです。

```python
class OldResistor(object):
    def __init__(self, ohms):
        self._ohms = ohms

    def get_ohms(self):
        return self._ohms

    def set_ohms(self, ohms):
        self._ohms = ohms
```

このゲッターやセッターの使用は単純ですが、Python流ではありません。

```
r0 = OldResistor(50e3)
print('Before: %5r' % r0.get_ohms())
r0.set_ohms(10e3)
print('After:  %5r' % r0.get_ohms())

>>>
Before: 50000.0
After: 10000.0
```

このようなメソッドは特に増加演算などがあるとぎこちないものになります。

```
r0.set_ohms(r0.get_ohms() + 5e3)
```

こういったユーティリティメソッドはクラスのインタフェース定義を助け、機能をカプセル化して、使い方を実証し、境界を定義するのを容易にするものです。これらは、クラスが時間が経つとともに進化しても呼び出し元に問題が起こらないことを保証する、クラスを設計する際に重要な目標です。

しかし、Pythonでは明示的にセッターやゲッターメソッドを実装する必要はほとんどありません。単純なパブリック属性で実装することから始めるべきです。

```
class Resistor(object):
    def __init__(self, ohms):
        self.ohms = ohms
        self.voltage = 0
        self.current = 0

r1 = Resistor(50e3)
r1.ohms = 10e3
```

こうすると、増加演算なども自然で明確になります。

```
r1.ohms += 5e3
```

後になって、属性が設定されたときに特別な振る舞いが必要となる場合は、@propertyデコレータとそれに対応するsetter属性をマイグレートすればよいのです。プロパティvoltageに値を代入することで、currentを変更できるResistorのサブクラスを定義します。正しく動作するためには、セッターメソッドとゲッターメソッドの両方の名前が、意図しているプロパティ名に合致していなければなりません。

```
class VoltageResistance(Resistor):
    def __init__(self, ohms):
        super().__init__(ohms)
        self._voltage = 0
```

項目29：getやsetメソッドよりも素のままの属性を使う | **89**

```
    @property
    def voltage(self):
        return self._voltage

    @voltage.setter
    def voltage(self, voltage):
        self._voltage = voltage
        self.current = self._voltage / self.ohms
```

プロパティ voltage に値を代入すると、voltage のセッターメソッドが実行されて、対応するオブジェクトの current プロパティが更新されます。

```
r2 = VoltageResistance(1e3)
print('Before: %5r amps' % r2.current)
r2.voltage = 10
print('After:  %5r amps' % r2.current)
```

```
>>>
Before: 0 amps
After: 0.01 amps
```

プロパティの setter を指定することで、クラスに渡される値について型や値の検査もできます。抵抗値がゼロオームより大きいことを確かめるクラスを次のように定義します。

```
class BoundedResistance(Resistor):
    def __init__(self, ohms):
        super().__init__(ohms)

    @property
    def ohms(self):
        return self._ohms

    @ohms.setter
    def ohms(self, ohms):
        if ohms <= 0:
            raise ValueError('%f ohms must be > 0' % ohms)
        self._ohms = ohms
```

正しくない抵抗値を属性に代入すると例外が起こります。

```
r3 = BoundedResistance(1e3)
r3.ohms = 0
```

```
>>>
ValueError: 0.000000 ohms must be > 0
```

コンストラクタに不当な値を渡しても例外が起こります。

```
BoundedResistance(-5)
>>>
ValueError: -5.000000 ohms must be > 0
```

これは、BoundedResistance.__init__がResistor.__init__を呼び出し、それがself.ohms = -5という代入により生じます。この代入は、BoundedResistanceの@ohms.setterメソッドを呼び出し、オブジェクトの構築が完了する前にすぐ妥当性検証コードを実行します。

@propertyを使って、親クラスの属性を変更不能にすることすらできます。

```
class FixedResistance(Resistor):
    # ...
    @property
    def ohms(self):
        return self._ohms

    @ohms.setter
    def ohms(self, ohms):
        if hasattr(self, '_ohms'):
            raise AttributeError("Can't set attribute")
        self._ohms = ohms
```

構築後にプロパティへ代入しようとすると、例外が起こります。

```
r4 = FixedResistance(1e3)
r4.ohms = 2e3

>>>
AttributeError: Can't set attribute
```

@propertyの最大の欠点は、属性のメソッドがサブクラスの間でしか共有できないことです。関連しないクラスは、同じ実装を共有することができません。しかし、Pythonでは、**ディスクリプタ**（descriptor）もサポート（「項目31 再利用可能な@propertyメソッドにディスクリプタを使う」参照）していて、再利用可能なプロパティのロジックや他の多くのユースケースを可能にしています。

最後に、@propertyメソッドを使って、セッターやゲッターを実装するとき、実装した振る舞いが人を驚かすようなものでないことを確かめてください。例えば、ゲッタープロパティメソッドの中で、他の属性をセットしたりしないようにしてください。

```
class MysteriousResistor(Resistor):
    @property
    def ohms(self):
        self.voltage = self._ohms * self.current
        return self._ohms
```

```
# ...
```

これは、ひどく異様な振る舞いを引き起こします。

```
r7 = MysteriousResistor(10)
r7.current = 0.01
print('Before: %5r' % r7.voltage)
r7.ohms
print('After:  %5r' % r7.voltage)

>>>
Before: 0
After: 0.1
```

　最良の方策は、@property.setter メソッドでは、関連するオブジェクト状態だけを変更することです。オブジェクトを超えて、モジュールを動的にインポートする、遅いヘルパー関数を実行する、高価なデータベースクエリを行うなどのような、呼び出し元が予期しない他のあらゆる副作用をもたらしていないことを確かめてください。クラスのユーザというものは、その属性が Python の他のオブジェクトと同じように、さっと使いやすくできているものと期待しています。複雑であったり、遅くなるようなことは、通常のメソッドを使って行いましょう。

覚えておくこと

- 単純なパブリック属性を使って新たなクラスのインタフェースを定義し、set や get メソッドは定義しない。
- 必要ならオブジェクトの属性にアクセスされたときの特別な振る舞いを @property を使って定義する。
- 驚き最小の原則を守り、@property メソッドで奇妙な副作用が生じるのを防ぐ。
- @property メソッドが高速なことを確かめる。遅かったり、複雑になったりする作業は通常のメソッドを使う。

項目30：属性をリファクタリングする代わりに @property を考える

　組み込みの @property デコレータは、インスタンスの属性への単純なアクセスがスマートに働くのを容易にします（「項目29　get や set メソッドよりも素のままの属性を使う」参照）。@property のよく使われて高度な使い方は、かつては単純な数値属性だったものを、その場での（on-the-fly）計算に変えるものです。これは、既存のクラス利用のすべてを、呼び出しを一切変えることなく、新たな振る舞いができるようにマイグレートするので、非常に有用なものです。それは、インタフェースを時

92 │ 4章 メタクラスと属性

間とともに改善していく時の重要な応急処置も提供します。

例えば、普通のPythonオブジェクトを用いて水漏れバケツからの水割り当てを実装することにしましょう。ここで、Bucketクラスは、どれだけの割当量が残っており、割当量が存在する時間（ピリオド）がどれだけかを表します。

```python
class Bucket(object):
    def __init__(self, period):
        self.period_delta = timedelta(seconds=period)
        self.reset_time = datetime.now()
        self.quota = 0

    def __repr__(self):
        return 'Bucket(quota=%d)' % self.quota
```

水漏れバケツアルゴリズムは、バケツに水を入れるとき、前の割当量は次のピリオドを超えては引き継げないことを確認します。

```python
def fill(bucket, amount):
    now = datetime.now()
    if now - bucket.reset_time > bucket.period_delta:
        bucket.quota = 0
        bucket.reset_time = now
    bucket.quota += amount
```

利用者が何かしようという時は常に、最初に、使いたい量がバケツから得られるかどうかを確認しなければなりません。

```python
def deduct(bucket, amount):
    now = datetime.now()
    if now - bucket.reset_time > bucket.period_delta:
        return False
    if bucket.quota - amount < 0:
        return False
    bucket.quota -= amount
    return True
```

このクラスを使うために、まずバケツに水を入れます。

```python
bucket = Bucket(60)
fill(bucket, 100)
print(bucket)

>>>
Bucket(quota=100)
```

項目30：属性をリファクタリングする代わりに@propertyを考える | **93**

それから、必要な割当量を引き出すことにします。

```
if deduct(bucket, 99):
    print('Had 99 quota')
else:
    print('Not enough for 99 quota')
print(bucket)

>>>
Had 99 quota
Bucket(quota=1)
```

結局は、あるよりも多くの割当量を引き出そうとして、そこから進めなくなります。この場合、バケツの割当量は変わりません。

```
if deduct(bucket, 3):
    print('Had 3 quota')
else:
    print('Not enough for 3 quota')
print(bucket)

>>>
Not enough for 3 quota
Bucket(quota=1)
```

この実装の問題点は、バケツがどれだけの割当量で始まったかまったく知らないことです。割当量は時間とともに引き去られやがてゼロになります。その時点では、deductは常にFalseを返すでしょう。そうなったとき、deductの呼び出し元が、割り当てられないのが、Bucketが割当量を引き出されたためなのか、それとも、Bucketにはそもそも最初から割当量がなかったのかを知ることは有用でしょう。

この問題を解決するために、クラスを変更して、そのピリオドで要求されたmax_quotaとそのピリオドで消費されたquota_consumedを記録するようにします。

```
class Bucket(object):
    def __init__(self, period):
        self.period_delta = timedelta(seconds=period)
        self.reset_time = datetime.now()
        self.max_quota = 0
        self.quota_consumed = 0

    def __repr__(self):
        return ('Bucket(max_quota=%d, quota_consumed=%d)' %
                (self.max_quota, self.quota_consumed))
```

@property メソッドを使って、この新たな属性をその場で用いて現在の割当量を計算します。

```python
@property
def quota(self):
    return self.max_quota - self.quota_consumed
```

quota 属性への代入では、fill と deduct で使われているクラスの現在のインタフェースに合致するように特別な処理をします。

```python
@quota.setter
def quota(self, amount):
    delta = self.max_quota - amount
    if amount == 0:
        # 新たなピリオドのため、割当量をリセット
        self.quota_consumed = 0
        self.max_quota = 0
    elif delta < 0:
        # 新たなピリオドのため割当量を入れる
        assert self.quota_consumed == 0
        self.max_quota = amount
    else:
        # ピリオド内で割当量が消費される
        assert self.max_quota >= self.quota_consumed
        self.quota_consumed += delta
```

前の手続きでのデモ用のコードを再度実行しても同じ結果が出ます。

```python
bucket = Bucket(60)
print('Initial', bucket)
fill(bucket, 100)
print('Filled', bucket)

if deduct(bucket, 99):
    print('Had 99 quota')
else:
    print('Not enough for 99 quota')

print('Now', bucket)

if deduct(bucket, 3):
    print('Had 3 quota')
else:
    print('Not enough for 3 quota')

print('Still', bucket)

>>>
```

```
Initial Bucket(max_quota=0, quota_consumed=0)
Filled Bucket(max_quota=100, quota_consumed=0)
Had 99 quota
Now Bucket(max_quota=100, quota_consumed=99)
Not enough for 3 quota
Still Bucket(max_quota=100, quota_consumed=99)
```

　一番良いところは、`Bucket.quota`を用いたコードを変更する必要も、クラスが変更されたことを知る必要もないことです。`Bucket`の新しい使い方もやるべきことをして、`max_quota`や`quota_consumed`に直接アクセスしています。

　`@property`で特に気に入っているのは、時間をかけてより良いデータモデルへと逐次的に進めていけることです。この`Bucket`の例を読むと、「`fill`と`deduct`をそもそもインスタンスメソッドで実装すべきだったのだ」と思ったかもしれません。それは多分正しい（「項目22　辞書やタプルで記録管理するよりもヘルパークラスを使う」参照）でしょうが、実際の現場では、オブジェクトがまずいインタフェースで定義されていたり、ダメなデータコンテナとして振る舞っているところから始まる場合が多いのです。このようなことは、コードが時間とともに増大し、スコープが広がり、誰も長期に渡っての健全さを考慮せず複数の著者が関わるような場合に起こります。

　`@property`は、実世界のコードで出くわす問題を処理してくれるツールです。でも、使いすぎないでください。繰り返し`@property`メソッドを拡張する羽目になったら、そのコードのひどい設計をやりくりする代わりに、クラスをリファクタリングする時期でしょう。

覚えておくこと

- `@property`を使って既存のインスタンス属性に新たな機能を与える。
- `@property`を使って、より良いデータモデルへと逐次改善する。
- `@property`をあまりにも使いすぎるようになったら、そのクラスとすべての呼び出し元をリファクタリングすることを考える。

項目31：再利用可能な@propertyメソッドにディスクリプタを使う

　組み込みの`@property`での大問題は、（「項目29　getやsetメソッドよりも素のままの属性を使う」や「項目30　属性をリファクタリングする代わりに@propertyを考える」を参照。）再利用です。デコレートするメソッドを同じクラスの複数の属性で再利用することができないのです。関連しないクラスでも再利用できません。

　例えば、宿題をやってきた学生が受け取る評価点が百分位であることを確認したいとしましょう。

96 | 4章 メタクラスと属性

```python
class Homework(object):
    def __init__(self):
        self._grade = 0

    @property
    def grade(self):
        return self._grade

    @grade.setter
    def grade(self, value):
        if not (0 <= value <= 100):
            raise ValueError('Grade must be between 0 and 100')
        self._grade = value
```

@propertyを使っているので、クラスを使うのは簡単です。

```python
galileo = Homework()
galileo.grade = 95
```

試験の点数も与えようと思いますが、試験には複数の科目があり、それぞれに評価が与えられます。

```python
class Exam(object):
    def __init__(self):
        self._writing_grade = 0
        self._math_grade = 0

    @staticmethod
    def _check_grade(value):
        if not (0 <= value <= 100):
            raise ValueError('Grade must be between 0 and 100')
```

これでは、じきに退屈になります。試験の各科目に、新たな@propertyと関連する確認作業が要ります。

```python
    @property
    def writing_grade(self):
        return self._writing_grade

    @writing_grade.setter
    def writing_grade(self, value):
        self._check_grade(value)
        self._writing_grade = value

    @property
    def math_grade(self):
```

```
        return self._math_grade

    @math_grade.setter
    def math_grade(self, value):
        self._check_grade(value)
        self._math_grade = value
```

さらに、これでは汎用的ではありません。この確認処理を宿題や試験というクラスの範囲を超えて再利用するには、@property や _check_grade といったテキストを何度も繰り返し書く必要があります。

Pythonでこれをより良くこなすには、**ディスクリプタ**（descriptor）を使うことです。ディスクリプタは、属性アクセスを言語でどのように解釈するかを定義します。ディスクリプタのクラスは、__get__ メソッドや __set__ メソッドを提供して、点数確認という作業を文をいちいち書かないで再利用することを可能にします。この目的のためには、ディスクリプタは mix-in（「項目26 多重継承は mix-in ユーティリティクラスだけに使う」参照）よりも、同じロジックを単一クラスの多くの異なる属性に再利用できるという点で、優れています。

Exam という新たなクラスを Grade のインスタンスであるクラス属性を持たせるように定義します。Grade クラスは、ディスクリプタのプロトコルを実装しています。Grade クラスがどのように働くかの説明を受ける前に、Exam インスタンスでこのようなディスクリプタ属性にアクセスしたとき、Python が何をするかを理解しておくことが重要でしょう。

```
class Grade(object):
    def __get__(*args, **kwargs):
        # ...

    def __set__(*args, **kwargs):
        # ...

class Exam(object):
    # クラス属性
    math_grade = Grade()
    writing_grade = Grade()
    science_grade = Grade()
```

プロパティに代入します。

```
exam = Exam()
exam.writing_grade = 40
```

これは次のように解釈されます。

```
Exam.__dict__['writing_grade'].__set__(exam, 40)
```

プロパティを取り出します。

```
print(exam.writing_grade)*1
```

これは次のように解釈されます。

```
print(Exam.__dict__['writing_grade'].__get__(exam, Exam))
```

この振る舞いをさせているのは、オブジェクトの__getattribute__メソッドです（「項目32　遅延属性には__getattr__, __getattribute__, __setattr__を使う」参照）。手短に述べると、Examインスタンスにwriting_gradeという名前の属性がないと、Pythonは、Examクラスの属性を代わりに調べます。そのクラス属性が__get__や__set__メソッドを持つオブジェクトなら、Pythonはディスクリプタプロトコルをやりたいのだなと仮定します。

この振る舞いとHomeworkクラスで点数確認のために@propertyをどう使ったかを知っていて、Gradeディスクリプタを使う試みは最初は次のようにしました。

```python
class Grade(object):
    def __init__(self):
        self._value = 0

    def __get__(self, instance, instance_type):
        return self._value

    def __set__(self, instance, value):
        if not (0 <= value <= 100):
            raise ValueError('Grade must be between 0 and 100')
        self._value = value
```

残念ながら、これは間違っていて、振る舞いの結果はダメなのですが、1つのExamインスタンスの複数の属性にアクセスすることは、期待通りに働きます。

```python
first_exam = Exam()
first_exam.writing_grade = 82
first_exam.science_grade = 99
print('Writing', first_exam.writing_grade)
print('Science', first_exam.science_grade)

>>>
Writing 82
Science 99
```

しかし、複数のExamインスタンスに対してこれらの属性をアクセスすると、予期せぬ振る舞いをします。

＊1　訳注：この時点でGitHubのプログラム例を実行すると、印刷される値はNoneであり、40ではない。これは、Gradeの中身の__set__や__get__が実際には定義されていないので当然で、心配することではない。

項目31：再利用可能な@propertyメソッドにディスクリプタを使う | **99**

```
second_exam = Exam()
second_exam.writing_grade = 75
print('Second', second_exam.writing_grade, 'is right')
print('First ', first_exam.writing_grade, 'is wrong')

>>>
Second 75 is right
First 75 is wrong
```

　問題は、単一のGradeインスタンスが、すべてのExamインスタンスのクラス属性writing_gradeに対して共有されているからです。この属性のGradeインスタンスは、プログラムの生存期間で一度だけ、Examクラスが最初に定義されたときに構築されて、Examインスタンスが作られるたびに構築されるのではありません。

　この問題を解決するには、Examインスタンスのそれぞれについて、Gradeクラスで、その値を記録保管する必要があります。辞書にインスタンスごとに状態を保存することで解決します。

```
class Grade(object):
    def __init__(self):
        self._values = {}

    def __get__(self, instance, instance_type):
        if instance is None: return self
        return self._values.get(instance, 0)

    def __set__(self, instance, value):
        if not (0 <= value <= 100):
            raise ValueError('Grade must be between 0 and 100')
        self._values[instance] = value
```

　この実装は単純できちんと働きますが、未だ1つ、メモリリークがあることを理解しておく必要があります。辞書_valuesは、プログラムの生存期間を通じて、__set__に渡されるすべてのExamインスタンスへの参照を保持します。こうなると、インスタンスの参照カウントはゼロになることがないので、ガーベジコレクションでメモリ回収されなくなります。

　この問題を解くために、Pythonの組み込みモジュールweakrefを使います。このモジュールでは、単純な辞書と置き換えられるWeakKeyDictionaryという特別なクラスを提供しており、_valuesとして使えます。WeakKeyDictionaryの振る舞いは、特別なもので、実行時にプログラムでインスタンスの最後に残っている参照が、その辞書のキー集合で保持されているのだけだとわかったなら、そこからExamインスタンスを削除します。Pythonは、この記録管理をして、_values辞書がすべてのExamインスタンスがもはや使われなくなったときには、空になっていることを保証します。

```
class Grade(object):
    def __init__(self):
```

100 | 4章　メタクラスと属性

```
        self._values = WeakKeyDictionary()
    # ...
```

Grade ディスクリプタのこの実装を用いると、すべてが期待通りに働きます。

```
class Exam(object):
    math_grade = Grade()
    writing_grade = Grade()
    science_grade = Grade()

first_exam = Exam()
first_exam.writing_grade = 82
second_exam = Exam()
second_exam.writing_grade = 75
print('First ', first_exam.writing_grade, 'is right')
print('Second', second_exam.writing_grade, 'is right')

>>>
First 82 is right
Second 75 is right
```

覚えておくこと

- ディスクリプタクラスを定義して、@property メソッドの振る舞いや確認作業を再利用する。
- WeakKeyDictionary を用いて、ディスクリプタクラスがメモリリークを起こさないようにする。
- __getattribute__ がディスクリプタプロトコルをどのように使って属性の取得や設定を行っているか、正確に理解しようとして立ち往生する羽目に陥らない。

項目32：遅延属性には __getattr__, __getattribute__, __setattr__ を使う

　Python のフックは、システムを統合するためのジェネリックなコードを書きやすくしています。例えば、データベースのレコードである行（row）を Python オブジェクトで表したいとしましょう。データベースにはスキーマ集合があります。行に対応するオブジェクトを用いるコードは、データベースがスキーマとしてどのように見えるのかを知っておかねばなりません。しかし、Python では、Python オブジェクトとデータベースとを関連付けるコードで、行のスキーマを知る必要がありません。ジェネリックなのです。

　しかし、それはどうして可能なのでしょうか。インスタンス属性、@property メソッド、そしてディスクリプタでは、どれも前もって定義する必要があるので、こんなことはできません。Python は、

項目32：遅延属性には__getattr__，__getattribute__，__setattr__を使う | **101**

__getattr__という特別なメソッドで、この動的な振る舞いを可能にします。クラスが__getattr__
を定義しているなら、そのメソッドは、オブジェクトのインスタンス辞書に属性が見つからない時は
いつも呼び出されるのです。

```python
class LazyDB(object):
    def __init__(self):
        self.exists = 5

    def __getattr__(self, name):
        value = 'Value for %s' % name
        setattr(self, name, value)
        return value
```

見つからないプロパティfooでアクセスしましょう。そうすると、Pythonは、上の__getattr__
を呼び出し、それが今度はインスタンス辞書__dict__を書き換えます。

```python
data = LazyDB()
print('Before:', data.__dict__)
print('foo:   ', data.foo)
print('After: ', data.__dict__)

>>>
Before: {'exists': 5}
foo:    Value for foo
After:  {'exists': 5, 'foo': 'Value for foo'}
```

次に、LazyDBにロギング機能を追加して、__getattr__がいつ実際に呼ばれたかを示します。
super().__getattr__()を使って、無限再帰を避けて実際のプロパティ値を取り出していることに注
意してください。

```python
class LoggingLazyDB(LazyDB):
    def __getattr__(self, name):
        print('Called __getattr__(%s)' % name)
        return super().__getattr__(name)

data = LoggingLazyDB()
print('exists:', data.exists)
print('foo:   ', data.foo)
print('foo:   ', data.foo)

>>>
exists: 5
Called __getattr__(foo)
foo:    Value for foo
foo:    Value for foo
```

exists属性はインスタンス辞書にあるので、__getattr__はこれでは決して呼ばれません。foo属性は当初インスタンス辞書にないので、最初は__getattr__が呼ばれます。しかし、fooへの__getattr__呼び出しは、setattrも行い、これはインスタンス辞書にfooを入れます。これが、2度めにfooにアクセスしたときには、__getattr__が呼び出されない理由です。

この振る舞いは、スキーマのないデータに遅延アクセスするようなユースケースで特に役立ちます。__getattr__は、プロパティをロードするというきつい仕事を一度だけやります。その後のアクセスは、存在している結果を取り出すだけです。

このデータベースシステムでトランザクションも必要だとしましょう。ユーザが次にプロパティにアクセスしたとき、データベースの対応する行がまだ妥当な値を持ち、トランザクションがまだオープンかどうかを調べたいものとします。__getattr__を使ったのでは、オブジェクトのインスタンス辞書を既存属性の優先路として使っているために、信頼性が保てません。

このユースケースを実現するために、Pythonでは、__getattribute__と呼ばれる別のフックを用意しています。この特別なメソッドは、属性辞書にそれが存在している場合にも、属性がオブジェクトでアクセスされるたびに呼ばれます。これによって、すべてのプロパティアクセスで、グローバルなトランザクション状態をチェックするというようなことが可能になります。__getattribute__が呼ばれるたびにログを取るValidatingDBを次のように定義します。

```python
class ValidatingDB(object):
    def __init__(self):
        self.exists = 5

    def __getattribute__(self, name):
        print('Called __getattribute__(%s)' % name)
        try:
            return super().__getattribute__(name)
        except AttributeError:
            value = 'Value for %s' % name
            setattr(self, name, value)
            return value

data = ValidatingDB()
print('exists:', data.exists)
print('foo:   ', data.foo)
print('foo:   ', data.foo)

>>>
Called __getattribute__(exists)
exists: 5
Called __getattribute__(foo)
foo:    Value for foo
Called __getattribute__(foo)
foo:    Value for foo
```

項目32：遅延属性には__getattr__, __getattribute__, __setattr__を使う | **103**

　動的にアクセスされたプロパティがないはずの場合には、PythonのAttributeError例外を起こして、__getattr__と__getattribute__の両方に対し、Pythonのプロパティが見つからない場合の標準的な振る舞いをさせることができます。

```python
class MissingPropertyDB(object):
    def __getattr__(self, name):
        if name == 'bad_name':
            raise AttributeError('%s is missing' % name)
        # ...

>>>
AttributeError: bad_name is missing
```

　ジェネリックな機能を実装するPythonのコードの多くは、プロパティがあるかどうかを決定するときにはhasattr組み込み関数を、プロパティ値を得る場合にはgetattr組み込み関数を使います。これらの関数も、__getattr__を呼び出す前に属性名を探すためにインスタンス辞書を調べます。

```python
data = LoggingLazyDB()
print('Before:     ', data.__dict__)
print('foo exists: ', hasattr(data, 'foo'))
print('After:      ', data.__dict__)
print('foo exists: ', hasattr(data, 'foo'))

>>>
Before:     {'exists': 5}
Called __getattr__(foo)
foo exists:  True
After:      {'exists': 5, 'foo': 'Value for foo'}
foo exists:  True
```

　上の例では、__getattr__は一度しか呼ばれていません。対照的に、__getattribute__を実装しているクラスでは、オブジェクトでhasattrやgetattrを実行するたびに、__getattribute__が呼ばれます。

```python
data = ValidatingDB()
print('foo exists: ', hasattr(data, 'foo'))
print('foo exists: ', hasattr(data, 'foo'))

>>>
Called __getattribute__(foo)
foo exists:  True
Called __getattribute__(foo)
foo exists:  True
```

104 | 4章 メタクラスと属性

ここで、値がPythonオブジェクトに代入されたときに、データをデータベースに遅延的に戻したいとしましょう。これを__setattr__という任意の属性代入を横取りするフックを使って行うことができます。__getattr__や__getattribute__による属性値の取り出しの場合とは異なり、別々のメソッド2つは必要ありません。__setattr__メソッドは、属性がインスタンスで（直接であれsetattr組み込み関数を通してであれ）代入されるたびに常に呼び出されます。

```
class SavingDB(object):
    def __setattr__(self, name, value):
        # DBログにデータを残す
        # ...
        super().__setattr__(name, value)
```

SavingDBのロギングサブクラスを次のように定義します。__setattr__メソッドが属性代入のたびに常に呼ばれます。

```
class LoggingSavingDB(SavingDB):
    def __setattr__(self, name, value):
        print('Called __setattr__(%s, %r)' % (name, value))
        super().__setattr__(name, value)

data = LoggingSavingDB()
print('Before: ', data.__dict__)
data.foo = 5
print('After:  ', data.__dict__)
data.foo = 7
print('Finally:', data.__dict__)

>>>
Before:  {}
Called __setattr__(foo, 5)
After:   {'foo': 5}
Called __setattr__(foo, 7)
Finally: {'foo': 7}
```

__getattribute__と__setattr__での問題は、オブジェクトのあらゆる属性アクセスで、たとえそうして欲しくない場合であっても、呼び出されることです。例えば、オブジェクトの属性アクセスで、実際には、辞書のキーを探すのだとします。

```
class BrokenDictionaryDB(object):
    def __init__(self, data):
        self._data = data

    def __getattribute__(self, name):
        print('Called __getattribute__(%s)' % name)
```

項目32：遅延属性には__getattr__, __getattribute__, __setattr__を使う | 105

```
        return self._data[name]
```

これは、__getattribute__メソッドから、self._dataにアクセスする必要があります。ところが、実際にそうしようとすると、Pythonは、スタックの限度に達するまで再帰ループに入り、死んでしまうのです。

```
data = BrokenDictionaryDB({'foo': 3})
data.foo

>>>
Called __getattribute__(foo)
Called __getattribute__(_data)
Called __getattribute__(_data)
...
Traceback ...
RuntimeError: maximum recursion depth exceeded
```

問題は__getattribute__がself._dataにアクセスすると、そのことで、__getattribute__が再度実行され、それがself._dataに再度アクセスするというように再帰することです。解法は、インスタンスのsuper().__getattribute__を使って、インスタンス属性辞書から値を取り出すことです。これによって再帰を防げます。

```
class DictionaryDB(object):
    def __init__(self, data):
        self._data = data

    def __getattribute__(self, name):
        data_dict = super().__getattribute__('_data')
        return data_dict[name]
```

同様に、オブジェクトの属性を変更する__setattr__メソッドでは、super().__setattr__を使う必要があります。

覚えておくこと

- オブジェクトの属性を遅延的にロードしたり保存したりするには、__getattr__と__setattr__を使う。

- __getattr__は、見つからない属性にアクセスするときに一度だけ呼び出され、__getattribute__は、属性がアクセスされるたびに呼び出されることを理解する。

- super()（すなわち、objectクラス）のメソッドを使ってインスタンス属性に直接アクセスすることで、__getattribute__と__setattr__とで無限再帰に入るのを避ける。

106 | 4章　メタクラスと属性

項目33：サブクラスをメタクラスで検証する

　メタクラスの最も単純な使用法の1つは、クラスが正しく定義されていることの検証です。複雑なクラス階層を作っていると、スタイルを徹底して、メソッドをオーバーライドし、クラス属性間できっちりとした関係を持たせたいと思うことがあります。メタクラスは、新たなサブクラスが定義されるたびに妥当性検証 (validation) コードを実行することで、このようなユースケースを実現します。

　クラスの妥当性検証コードは、クラスの型を持つオブジェクトが作られるときの (例えば、「項目28 collections.abc からカスタムコンテナ型を継承する」参照) __init__ メソッドの中で実行されることが多いようです。妥当性検証にメタクラスを使うと、それより前にエラーを見つけられます。

　サブクラスの妥当性検証を行うメタクラスを定義する前に、オブジェクトでのメタクラスの標準的な動作を理解しておくことが重要でしょう。メタクラスは type からの継承で定義されます。デフォルトでは、その __new__ メソッドで関連する class 文の内容を受け取ります。型を実際に作る前に、クラス情報を修正するには次のようにします。

```python
class Meta(type):
    def __new__(meta, name, bases, class_dict):
        print((meta, name, bases, class_dict))
        return type.__new__(meta, name, bases, class_dict)

class MyClass(object, metaclass=Meta):
    stuff = 123

    def foo(self):
        pass
```

　メタクラスは、クラス名、それが継承している親クラス、class 本体で定義されているすべてのクラス属性にアクセスできます。

```python
>>>
(<class '__main__.Meta'>,
'MyClass',
(<class 'object'>,),
{'__module__': '__main__',
 '__qualname__': 'MyClass',
 'foo': <function MyClass.foo at 0x102c7dd08>,
 'stuff': 123})
```

　Python 2では、構文が少し異なっていて、メタクラスをクラス属性 __metaclass__ を使って指定します。Meta.__new__ インタフェースは同じです。

```python
# Python 2
class Meta(type):
```

項目33：サブクラスをメタクラスで検証する | **107**

```
    def __new__(meta, name, bases, class_dict):
        # ...

class MyClassInPython2(object):
    __metaclass__ = Meta
    # ...
```

クラスのすべてのパラメータを定義の前に妥当性検証するために、Meta.__new__メソッドに機能を追加できます。例えば、あらゆる種類の多角形を表したいとします。特別な妥当性検証機能を持つメタクラスを定義して、それを多角形クラス階層の基底クラスで使うことによってこれが実現できます。同じ妥当性検証コードを基底クラスに直接適用しないことが大事であることに注意しておいてください。

```
class ValidatePolygon(type):
    def __new__(meta, name, bases, class_dict):
        # 抽象Polygonクラスは妥当性検証しない
        if bases != (object,):
            if class_dict['sides'] < 3:
                raise ValueError('Polygons need 3+ sides')
        return type.__new__(meta, name, bases, class_dict)

class Polygon(object, metaclass=ValidatePolygon):
    sides = None  # サブクラスで規定される

    @classmethod
    def interior_angles(cls):
        return (cls.sides - 2) * 180

class Triangle(Polygon):
    sides = 3
```

辺が3つより少ない多角形を定義しようとすると、妥当性検証コードが、class文本体の直後でエラーを発生させます。これは、そのようなクラスを定義したとき、プログラムがそもそも実行できないことを意味します。

```
print('Before class')
class Line(Polygon):
    print('Before sides')
    sides = 1
    print('After sides')
print('After class')

>>>
Before class
Before sides
After sides
```

108 | 4章　メタクラスと属性

```
Traceback ...
ValueError: Polygons need 3+ sides
```

覚えておくこと

● サブクラスの妥当性を、その型のオブジェクトが作られる前に検証するには、メタクラスを使う。

● メタクラスは、Python 2とPython 3とで構文が少し異なる。

● メタクラスの__new__メソッドは、class文の本体全部が処理された後に実行される。

項目34：クラスの存在をメタクラスで登録する

もう1つ、メタクラスがよく使われるのがプログラムで型を自動登録（register）することです。登録作業（registration）は、単純な識別子を対応するクラスに紐付けるときなど、後で逆探索するときに便利です。

例えば、JSONを使ってPythonオブジェクトの自分なりにシリアライズした表現を実装したいとしましょう。オブジェクトを取ってJSON文字列にする方式が必要です。コンストラクタのパラメータを記録しておいて、それをJSON辞書に変換する基底クラスを定義することで、ジェネリックに行うことにします。

```python
class Serializable(object):
    def __init__(self, *args):
        self.args = args

    def serialize(self):
        return json.dumps({'args': self.args})
```

このクラスは、Point2Dのような単純で変更不能なデータ構造を簡単にシリアライズします。

```python
class Point2D(Serializable):
    def __init__(self, x, y):
        super().__init__(x, y)
        self.x = x
        self.y = y

    def __repr__(self):
        return 'Point2D(%d, %d)' % (self.x, self.y)

point = Point2D(5, 3)
print('Object:    ', point)
print('Serialized:', point.serialize())
```

項目34：クラスの存在をメタクラスで登録する | **109**

```
>>>
Object: Point2D(5, 3)
Serialized: {"args": [5, 3]}
```

このJSON文字列をデシリアライズして、それが表しているPoint2Dオブジェクトを構築する必要があります。Serializable親クラスからのデータをデシリアライズする別のクラスを定義します。

```python
class Deserializable(Serializable):
    @classmethod
    def deserialize(cls, json_data):
        params = json.loads(json_data)
        return cls(*params['args'])
```

Deserializableを使うと、単純な変更不能オブジェクトをシリアライズしたりデシリアライズしたりするのが簡単にジェネリックにできます。

```python
class BetterPoint2D(Deserializable):
    # ...
point = BetterPoint2D(5, 3)
print('Before:   ', point)
data = point.serialize()
print('Serialized:', data)
after = BetterPoint2D.deserialize(data)
print('After:    ', after)

>>>
Before: BetterPoint2D(5, 3)
Serialized: {"args": [5, 3]}
After: BetterPoint2D(5, 3)
```

この方式の問題は、シリアライズしたデータの持っていた型（例えば、Point2D, BetterPoint2D）を前もって知っていないとうまくいかないことです。理想的には、JSONにシリアライズするクラスは多数あるけれども、そのどれでも対応するPythonオブジェクトにデシリアライズできる、1つの共通の関数があると良いのです。

そのために、JSONデータにシリアライズされたオブジェクトのクラス名を含めます。

```python
class BetterSerializable(object):
    def __init__(self, *args):
        self.args = args

    def serialize(self):
        return json.dumps({
            'class': self.__class__.__name__,
            'args': self.args,
        })
```

```
    def __repr__(self):
        # ...
```

それから、クラス名とこれらのオブジェクトのコンストラクタとの対応を保守管理します。汎用の
deserialize関数が、register_classに渡された任意のクラスで働きます。

```
registry = {}

def register_class(target_class):
    registry[target_class.__name__] = target_class

def deserialize(data):
    params = json.loads(data)
    name = params['class']
    target_class = registry[name]
    return target_class(*params['args'])
```

deserializeが常に正しく働くためには、将来デシリアライズするかもしれないすべてのクラスに
対してregister_classを呼び出す必要があります。

```
class EvenBetterPoint2D(BetterSerializable):
    def __init__(self, x, y):
        super().__init__(x, y)
        self.x = x
        self.y = y

register_class(EvenBetterPoint2D)
```

これで、任意のJSON文字列をどのクラスだか知らなくてもデシリアライズできます。

```
point = EvenBetterPoint2D(5, 3)
print('Before:    ', point)
data = point.serialize()
print('Serialized:', data)
after = deserialize(data)
print('After:     ', after)

>>>
Before: EvenBetterPoint2D(5, 3)
Serialized: {"class": "EvenBetterPoint2D", "args": [5, 3]}
After: EvenBetterPoint2D(5, 3)
```

この方式の問題は、register_classを呼ぶことを忘れがちになることです。

```
class Point3D(BetterSerializable):
    def __init__(self, x, y, z):
        super().__init__(x, y, z)
        self.x = x
        self.y = y
```

項目34：クラスの存在をメタクラスで登録する | 111

```
        self.z = z

    # register_classを呼ぶのを忘れたぞ！ オットト！
```

実行時に、登録を忘れたクラスのオブジェクトを最後にデシリアライズしようとすると、コードがエラーを引き起こします。

```
point = Point3D(5, 9, -4)
data = point.serialize()
deserialize(data)

>>>
KeyError: 'Point3D'
```

サブクラスBetterSerializableを選んだにもかかわらず、class文の本体の後でregister_classを呼ぶのを忘れると、すべての機能を使えないわけです。この方式は、エラーを引き起こしやすく、初心者には特に難しいものです。同じように忘れがちなのが、Python 3のクラスデコレータです。

何とかして、プログラマがBetterSerializableを使った意図を汲み、どんな場合でもregister_classを呼ぶようにできないでしょうか。メタクラスは、サブクラスが定義されたときにclass文を横取りすることで（「項目33　サブクラスをメタクラスで検証する」参照）これを実現します。クラス本体が実行直後に、新しい型を登録できます。

```
class Meta(type):
    def __new__(meta, name, bases, class_dict):
        cls = type.__new__(meta, name, bases, class_dict)
        register_class(cls)
        return cls

class RegisteredSerializable(BetterSerializable, metaclass=Meta):
    pass
```

RegisteredSerializableのサブクラスを定義するとき、register_classが必ず呼ばれるのでdeserializeが常に期待通りに動作します。

```
class Vector3D(RegisteredSerializable):
    def __init__(self, x, y, z):
        super().__init__(x, y, z)
        self.x, self.y, self.z = x, y, z

v3 = Vector3D(10, -7, 3)
print('Before:   ', v3)
data = v3.serialize()
print('Serialized:', data)
print('After:    ', deserialize(data))
```

```
>>>
Before: Vector3D(10, -7, 3)
Serialized: {"class": "Vector3D", "args": [10, -7, 3]}
After: Vector3D(10, -7, 3)
```

クラス登録にメタクラスを使うことで、正しく継承している限りは正しくクラスを登録できます。
ここに示したように、シリアライズでうまくいくだけでなく、データベースのオブジェクト関係マッ
ピング（ORM）、プラグインシステム、システムフック（system hook）にも適用できます。

覚えておくこと

- クラス登録は、モジュラーな Python プログラムを構築するための、有用なパターンである。
- メタクラスは、プログラムで基底クラスがサブクラスされるたびに登録コードを自動的に実行す
  るようにする。
- クラス登録にメタクラスを使うと、登録呼び出しを決して忘れないようにしてくれて、エラーを
  なくせる。

項目35：クラス属性をメタクラスで注釈する

メタクラスで実現されるもう1つの有用な機能は、クラスが定義された後で、実際に使われる前に、
プロパティを修正したり、注釈を加える能力です。この方式は、一般にディスクリプタを使って（「項
目31　再利用可能な @property メソッドにディスクリプタを使う」参照）それを包含するクラス内にお
いてそれがどのように使われるかを、もっとイントロスペクションしてわかるようにします。

例えば、顧客データベースの行（レコード）を表す新しいクラスを定義したいとします。クラスに
は、データベースの表の各カラムに対応するプロパティが要ります。そのために、属性とカラム名を
連携するディスクリプタクラスを定義します。

```
class Field(object):
    def __init__(self, name):
        self.name = name
        self.internal_name = '_' + self.name

    def __get__(self, instance, instance_type):
        if instance is None: return self
        return getattr(instance, self.internal_name, '')

    def __set__(self, instance, value):
        setattr(instance, self.internal_name, value)
```

項目35：クラス属性をメタクラスで注釈する | 113

カラム名がFieldディスクリプタに格納されているので、すべてのインスタンスごとの状態は、組み込み関数setattrとgetattrを使ってインスタンス辞書に保護フィールドとして直接保存できます。 最初は、これは、メモリリークを避けるためにweakrefを使ったディスクリプタを構築するよりも、ずっと簡便に思えます。

行を表現するクラスを定義するには、各クラス属性にカラム名を与える必要があります。

```python
class Customer(object):
    # クラス属性
    first_name = Field('first_name')
    last_name = Field('last_name')
    prefix = Field('prefix')
    suffix = Field('suffix')
```

クラスの使い方は簡単です。Fieldディスクリプタが期待通りにインスタンス辞書__dict__を修正していることが見て取れます。

```python
foo = Customer()
print('Before:', repr(foo.first_name), foo.__dict__)
foo.first_name = 'Euclid'
print('After: ', repr(foo.first_name), foo.__dict__)

>>>
Before: '' {}
After: 'Euclid' {'_first_name': 'Euclid'}
```

しかし、冗長なようです。class文の本体で構築したFieldオブジェクトをCustomer.first_nameに代入したときに、フィールド名をすでに宣言しています。フィールド名（この場合は'first_name'）をFieldコンストラクタにも渡す必要がなぜあるのでしょうか。

問題はCustomerクラス定義における演算順序が、左から右に読む順序とは反対になっていることです。最初に、Fieldコンストラクタは、Field('first_name')で呼ばれます。それから、その戻り値がCustomer.first_nameに代入されます。Fieldが前もって、どのクラス属性に代入されるかを知る方法はありません。

この冗長性をなくすために、メタクラスを使います。メタクラスはclass文に直接フックを掛けてclass本体が終わるやいなや動作することができます。この場合、手作業でフィールド名を何度も指定する代わりに、メタクラスを使ってField.nameとField.internal_nameとをディスクリプタに自動的に割り当てることができます。

```python
class Meta(type):
    def __new__(meta, name, bases, class_dict):
        for key, value in class_dict.items():
            if isinstance(value, Field):
```

114 | 4章 メタクラスと属性

```
                value.name = key
                value.internal_name = '_' + key
        cls = type.__new__(meta, name, bases, class_dict)
        return cls
```

次に、メタクラスを使う基底クラスを定義します。データベースの行を表すすべてのクラスは、このクラスを継承して、メタクラスを使っていることを保証すべきです。

```
class DatabaseRow(object, metaclass=Meta):
    pass
```

メタクラスを使うのに、フィールドディスクリプタはほとんど変わりません。唯一の相違点は、コンストラクタに渡す引数がもはや必要ないことです。代わりに、属性が上のMeta.__new__メソッドによって設定されます。

```
class Field(object):
    def __init__(self):
        # これらはメタクラスで代入される
        self.name = None
        self.internal_name = None
    # ...
```

メタクラスを使うことで、新しいDatabaseRow基底クラス、新しいFieldディスクリプタ、そしてデータベースの行のためのクラス定義は、以前のような冗長性を解消しました。

```
class BetterCustomer(DatabaseRow):
    first_name = Field()
    last_name = Field()
    prefix = Field()
    suffix = Field()
```

新しいクラスの振る舞いは前のと変わりません。

```
foo = BetterCustomer()
print('Before:', repr(foo.first_name), foo.__dict__)
foo.first_name = 'Euler'
print('After: ', repr(foo.first_name), foo.__dict__)

>>>
Before: '' {}
After: 'Euler' {'_first_name': 'Euler'}
```

覚えておくこと

- メタクラスは、クラスが完全に定義される前に、クラス属性を修正することを可能にする。
- ディスクリプタとメタクラスとは、宣言的な振る舞いと実行時イントロスペクションのための強力なコンビだ。
- メタクラスをディスクリプタと一緒に使うことで、メモリリークとweakrefモジュールの両方を避けることができる。

5章
並行性と並列性

並行性（concurrency）とは、コンピュータが多数の異なることを見かけ上同じ時間に行うことです。例えば、1つのCPUコアのコンピュータで、オペレーティングシステムは、単一プロセッサ上で実行するプログラムを忙しく替えています。これはプログラム実行をインターリーブすることによって、複数のプログラムが同時に実行されているという印象を与えます。

並列性（parallelism）は、多数の異なることを実際に同じ時間に行うことです。複数のCPUコアを持つコンピュータは、複数のプログラムを同時に実行できます。各CPUコアが、別々のプログラムの命令を実行し、各プログラムは同時に進行します。

単一プログラムの内部では、並行性は、プログラマがある種の問題を解くのをやさしくします。並行プログラムは、実行上の多くの異なる経路を、見かけ上は同時かつ独立に進行できるようにします。

並列性と並行性との肝心の差異は、スピードアップです。プログラムで2つの異なる実行経路が並列に進行するなら、全体の作業をやり遂げるための時間は半減されます。実行速度は2倍になります。対照的に、並行プログラムでは、実行の何千もの経路を見かけ上並列に実行しても、作業全体ではスピードアップがありません。

Pythonは、並行プログラムを書きやすくしています。Pythonは、システムコール、サブプロセス、C拡張によって並列作業をするのにも使えます。しかし、並行Pythonコードを、本当に並列に実行することは非常に難しい場合があります。このような困難な状況において、Pythonをどのように使うのが最良かを理解することが重要です。

項目36：subprocessを使って子プロセスを管理する

Pythonには、子プロセスを実行し管理する百戦錬磨のライブラリがあります。これが、Pythonを、コマンドラインユーティリティのような他のツールを統合する偉大な言語にしているのです。既存のシェルスクリプトが複雑になりすぎたとき、時間が経つとよくそうなりますが、そちらを卒業して、

Pythonで書き直すのが、読みやすさと保守性のために自然な選択なのです。

　Pythonで始動された子プロセスは、並列実行可能で、Pythonを使ってマシンのCPUコアのすべてを消費し、プログラムのスループットを最大化することができます。PythonそのものはCPU制約ですが（「項目37　スレッドはブロッキングI/Oに使い、並列性に使うのは避ける」参照）、Pythonを使ってCPUに負担のかかる作業を連携してこなすことは容易です。

　Pythonでは、サブプロセスを実行するのに、popen, popen2, os.exec*などを含めて多数の方法が年月をかけて出てきました。現在のPythonでは、子プロセスを管理する最良で最も単純な選択肢が、組み込みモジュールsubprocessを使うことです。

　subprocessで子プロセスを実行するのは単純です。Popenコンストラクタがプロセスを始めます。communicateメソッドは、子プロセスの出力を読み、終了するまで待ちます。

```
proc = subprocess.Popen(
    ['echo', 'Hello from the child!'],
    stdout=subprocess.PIPE)
out, err = proc.communicate()
print(out.decode('utf-8'))*1

>>>
Hello from the child!
```

　子プロセスは、親プロセスのPythonインタプリタとは独立に実行されます。その状態は、Pythonが他の仕事をしている間にも定期的にポーリングすることができます。

```
proc = subprocess.Popen(['sleep', '0.3'])
while proc.poll() is None:
    print('Working...')
    # ここで少し時間を費やす
    # ...

>>>
Working...
Working...
Exit status 0
```

　子プロセスを親プロセスと切り離すということは、親プロセスが多数の子プロセスを並列に実行して構わないということを意味します。はじめから、すべての子プロセスを実行することもできます。

```
def run_sleep(period):
    proc = subprocess.Popen(['sleep', str(period)])
    return proc
```

＊1　訳注：Windows環境では、このままでは、うまく動かない。Popenの引数にshell=Trueを追加する必要がある。以降の例についても同様。

```
start = time()
procs = []
for _ in range(10):
    proc = run_sleep(0.1)
    procs.append(proc)
```

後で、communicateメソッドで、子プロセスがI/Oを終えて終了するのを待つこともできます。

```
for proc in procs:
    proc.communicate()
end = time()
print('Finished in %.3f seconds' % (end - start))

>>>
Finished in 0.117 seconds
```

 これらのプロセスが順番に実行されるなら、全体の遅延は、ここで測定した〜0.1秒ではなくて、1秒ほどだったはず。

Pythonプログラムから子プロセスにデータをパイプして、その出力を取り出すこともできます。これによって、他のプログラムを使って作業を並列に行えます。例えば、コマンドラインツールopensslを使って、データを暗号化したいとしましょう。子プロセスはコマンドライン引数とI/Oパイプを使って簡単に起動できます。

```
def run_openssl(data):
    env = os.environ.copy()
    env['password'] = b'\xe24U\n\xd0Ql3S\x11'
    proc = subprocess.Popen(
        ['openssl', 'enc', '-des3', '-pass', 'env:password'],
        env=env,
        stdin=subprocess.PIPE,
        stdout=subprocess.PIPE)
    proc.stdin.write(data)
    proc.stdin.flush()  # 子に入力があるのを確かめる
    return proc
```
[*1]

ここでは、ランダムなバイト列を暗号化関数にパイプすることにしますが、実際には、ユーザ入力、ファイルハンドル、ネットワークソケットなどが使われるでしょう。

[*1] 訳注：Windows環境のPython 3では、環境変数にバイト列は指定できないため、TypeErrorが発生する。このため、Windowsではpasswordに Unicode文字列を指定する必要がある。

```
procs = []
for _ in range(3):
    data = os.urandom(10)
    proc = run_openssl(data)
    procs.append(proc)
```

子プロセスが並列に実行されて入力を消費します。子プロセスが終わって最終出力を取り出すのを待つことにします。

```
for proc in procs:
    out, err = proc.communicate()
    print(out[-10:])

>>>
b'o4,G\x91\x95\xfe\xa0\xaa\xb7'
b'\x0b\x01\\\xb1\xb7\xfb\xb2C\xe1b'
b'ds\xc5\xf4;j\x1f\xd0c-'
```

UNIXのパイプのように、子プロセスの出力を他の入力につなげていって、並列プロセスの連鎖を作ることもできます。コマンドラインツール md5 に入力ストリームを消費させる子プロセスを始動する関数は次のようになります。

```
def run_md5(input_stdin):
    proc = subprocess.Popen(
        ['md5'],
        stdin=input_stdin,
        stdout=subprocess.PIPE)
    return proc
```

Pythonの組み込みモジュール hashlib は、md5関数を提供しているから、このように子プロセスを実行することが常に必要なわけではない。ここでの目標は、子プロセスが入力と出力をどのようにパイプするかを示すことだ。

一連の openssl プロセスを起動して、データを暗号化し、別のプロセス集合で暗号化された出力を md5 でハッシュします。

```
input_procs = []
hash_procs = []
for _ in range(3):
    data = os.urandom(10)
    proc = run_openssl(data)
    input_procs.append(proc)
    hash_proc = run_md5(proc.stdout)
```

項目36：subprocessを使って子プロセスを管理する | 121

```
    hash_procs.append(hash_proc)
```

子プロセス間のI/Oは、いったん起動すれば自動的に行われます。後は子プロセスが終わり最終出力を印刷するのを待つだけです。

```
for proc in input_procs:
    proc.communicate()
for proc in hash_procs:
    out, err = proc.communicate()
    print(out.strip())

>>>
b'7a1822875dcf9650a5a71e5e41e77bf3'
b'd41d8cd98f00b204e9800998ecf8427e'
b'1720f581cfdc448b6273048d42621100'
```

子プロセスが終わらないのではないかとか入出力のパイプがどうかしてブロックされないかが心配なら、communicateメソッドにtimeout引数を渡すことです。こうすると、子プロセスが指定した時間内に応答しなければ、例外が引き起こされ、うまくいかない子プロセスを停止することができます。

```
proc = run_sleep(10)
try:
    proc.communicate(timeout=0.1)
except subprocess.TimeoutExpired:
    proc.terminate()
    proc.wait()

print('Exit status', proc.poll())

>>>
Exit status -15
```

残念ながら、timeout引数はPython 3.3以降でないと使えません。それ以前のPythonの版では、I/Oでのタイムアウトを確認するためには、組み込みモジュールselectでproc.stdin, proc.stdout, proc.stderrを使う必要があります。

覚えておくこと

- 子プロセスを実行してその入出力ストリームを管理するにはsubprocessモジュールを使う。
- 子プロセスは、Pythonインタプリタと並列に実行され、CPU利用を最大化することができる。
- communicateのtimeout引数を使って、デッドロックや宙ぶらり状態の子プロセスを回避する。

項目37：スレッドはブロッキングI/Oに使い、並列性に使うのは避ける

Pythonの標準実装は、CPythonと呼ばれます。CPythonでは、Pythonプログラムを次の2ステップで実行します。最初に、ソーステキストをパースして、バイトコードにコンパイルします。次に、スタックベースのインタプリタでバイトコードを実行します。バイトコード・インタプリタには、Pythonプログラムが実行される間、一貫性を保つ必要がある状態があります。Pythonでは、その一貫性は**グローバルインタプリタロック**（global interpreter lock、GIL）と呼ばれる仕組みによって保たれています。

本質的に、GILは、CPythonが、優先度の高いスレッドが実行中のスレッドに割り込んで制御を奪うプリエンプティブマルチスレッド処理で影響されることを防止する**相互排他ロック**（mutex）です。マルチスレッドでの割り込みによって、予期していない場合に、インタプリタの状態がおかしくなることがあるからです。GILは、そのような割り込みを防ぎ、すべてのバイトコード命令が、CPython実装及びC拡張モジュールで正しく働くことを保証しています。

GILには、重要な負の副作用があります。C++やJavaのような言語で書かれたプログラムでは、実行がマルチスレッドだということは、プログラムがCPUのマルチコアを活用できるということを意味します。Pythonもマルチスレッド実行をサポートしているのですが、GILは、同時に1つのスレッドしか進行できないようにしています。これは、複数スレッドを使って並列計算を行いPythonプログラムをスピードアップしようとしても、残念ながら失望するだけだということを意味します。

例えば、何か重い計算をPythonでするとしましょう。整数の素因数分解を行う素朴なアルゴリズムをその例として次のように定義しましょう。

```python
def factorize(number):
    for i in range(1, number + 1):
        if number % i == 0:
            yield i
```

複数の整数の素因数分解を順に計算するのには、かなりの時間がかかります。

```python
numbers = [2139079, 1214759, 1516637, 1852285]
start = time()
for number in numbers:
    list(factorize(number))
end = time()
print('Took %.3f seconds' % (end - start))

>>>
Took 1.040 seconds
```

項目37：スレッドはブロッキングI/Oに使い、並列性に使うのは避ける | **123**

　この計算をマルチスレッドを使って行うのは、他の言語では、コンピュータのすべてのCPUを利用できるので、意味のあることです。これをPythonで試してみましょう。前と同じ計算をPythonスレッドを使うように定義します。

```
from threading import Thread

class FactorizeThread(Thread):
    def __init__(self, number):
        super().__init__()
        self.number = number

    def run(self):
        self.factors = list(factorize(self.number))
```

それぞれの整数の素因数分解を並列に計算するように、次のようにスレッドを起動します。

```
start = time()
threads = []
for number in numbers:
    thread = FactorizeThread(number)
    thread.start()
    threads.append(thread)
```

最後に、すべてのスレッドが終わるのを待ちます。

```
for thread in threads:
    thread.join()
end = time()
print('Took %.3f seconds' % (end - start))

>>>
Took 1.061 seconds
```

　驚くのは、factorizeを並列ではなく逐次実行した時よりも長い時間がかかっていることです。他の言語でも、スレッドを作成して協調させるためのオーバーヘッドのために、整数ごとにスレッドを割り当てても4倍の速度向上は望めないでしょう。筆者がこのコードを実行するのに使ったデュアルコアマシンでは、2倍の速度向上しか望めません。しかし、複数スレッドの性能が、悪くなるとは絶対予想しないでしょう。この実行結果は、GILが標準CPythonインタプリタで実行されるプログラムにどう影響するかを示しています。

　CPythonでマルチコアを活用するためには、いくつもの方法がありますが、標準のThreadクラスではダメで（「項目41　本当の並列性のためにconcurrent.futuresを考える」参照）、それなりの努力を必要とします。このような制限がわかると、なぜPythonでスレッドをサポートしているのか、不思議になりますね。2つの納得できる理由があります。

第一の理由は、マルチスレッドによって、プログラムが同時に複数のことをしているとわかりやすくなることです。同時に複数のタスクをこなすということは実装が難しいものです（例えば、「項目40　多くの関数を並行に実行するにはコルーチンを考える」を参照）。スレッドなら、関数を見たところは並列に実行するという作業をPythonに任せられます。これは、CPythonがPythonの実行スレッド間での**公平性**（fairness）を保証しているからです。もっとも、GILのお陰で、一時に1つのスレッドしか進行できないのですが。

Pythonがスレッドをサポートする第二の理由は、Pythonがある種のシステムコールを行う際に生じるブロッキングI/Oを扱うためです。システムコールは、Pythonプログラムがコンピュータのオペレーティングシステムに対して、外界とどのように通信して欲しいかを伝えるためのものです。ブロッキングI/Oには、ファイルの読み書き、ネットワーク通信、ディスプレイのような機器との通信などが含まれます。スレッドによって、ブロッキングI/Oの時に、プログラムからのリクエストに対してオペレーティングシステムが反応するのに要する間、プログラムを隔離しておくことができます。

例えば、リモコン操作のヘリコプターにシリアルポートで信号を送りたいとしましょう。このような動作の代理として、低速システムコール（select）を使うことにします。この関数は、オペレーティングシステムに0.1秒間のブロッキングを要求してからプログラムに制御を戻すという、同期シリアルポートを使ったときに生じるのと同様の働きをします。

```
import select, socket

def slow_systemcall():
    select.select([socket.socket()], [], [], 0.1)
```

このシステムコールを逐次的に呼び出すと、処理時間は線形に増加します。

```
start = time()
for _ in range(5):
    slow_systemcall()
end = time()
print('Took %.3f seconds' % (end - start))

>>>
Took 0.503 seconds
```

slow_systemcall関数が実行されている間は、プログラムが進まないという問題があります。プログラムのメインの実行スレッドが、システムコールのselectでブロックされているのです。信号を送っている間にヘリコプターの次の動きを計算する必要があります。そうでないと、墜落するとしましょう。このように、ブロッキングI/Oと計算とを同時に行わないといけないことがわかったときは、システムコールをスレッドに移行することを考えるべきときです。

項目37：スレッドはブロッキングI/Oに使い、並列性に使うのは避ける | **125**

そこで、複数の`slow_systemcall`関数を別々のスレッドで呼び出します。こうすると、複数のシリアルポート（とヘリコプター）と通信しながら、メインスレッドで必要な計算をすることができます。

```
start = time()
threads = []
for _ in range(5):
    thread = Thread(target=slow_systemcall)
    thread.start()
    threads.append(thread)
```

スレッドが開始したので、システムコールのスレッドが終わるのを待っている間に次のヘリコプターの動きを計算する作業をします。

```
def compute_helicopter_location(index):
    # ...

for i in range(5):
    compute_helicopter_location(i)
for thread in threads:
    thread.join()
end = time()
print('Took %.3f seconds' % (end - start))

>>>
Took 0.102 seconds
```

並列にした結果、逐次の時のより5分の1に時間が減りました。これは、GILの制限があるにもかかわらず、複数のPythonスレッドでシステムコールが並列に走ったことを示しています。GILは、Pythonのコードが並列に実行されることを禁じていますが、システムコールについては、そのような禁止が効果を持ちません。このように働くのは、Pythonスレッドが、システムコールを行う直前に、GILを解放して、システムコールが終わるとすぐに、再度GILを獲得するからです。

スレッドの他にも、組み込みモジュールasyncioなど、ブロッキングI/Oを扱う多くの方法があり、それぞれに重要な利点があります。ただし、これらの方法には、その実行モデルの相違に対応するようにコードをリファクタリングするなどの余分な作業が必要になることがあります（「項目40 多くの関数を並行に実行するにはコルーチンを考える」を参照）。スレッドを使うのは、最小限の変更でブロッキングI/Oを行う最も単純な方法なのです。

覚えておくこと

- Pythonのスレッドは、グローバルインタプリタロック（GIL）のために、マルチコアCPUでバイトコードを並列に実行することができない。
- Pythonのスレッドは、見かけ上は同じ時間内に複数のことを処理する簡単な方法を提供するの

で、GILの問題があっても、役に立つ。

- Pythonスレッドを使って、複数のシステムコールを並列に実行することができる。これにより、ブロッキングI/Oを行いながら、同じ時間内に計算することができる。

項目38：スレッドでのデータ競合を防ぐためにLockを使う

グローバルインタプリタロック（GIL）について学ぶ（「項目37 スレッドはブロッキングI/Oに使い、並列性に使うのは避ける」）と、新しくPythonを学んだプログラマの多くは、コードに相互排他ロック（mutex）を使わずに済ませられると仮定するようです。GILがすでにPythonのスレッドが並列にマルチコアCPUを実行できないよう制限しているのなら、プログラムのデータ構造に対するロックとしても働くのではないですか、というわけです。リストや辞書のような型のテストによっては、この仮定が正しいように思えます。

でも、気をつけてください。これはまったく正しくありません。GILはプログラムを保護してくれません。1つのPythonスレッドしか、一時に実行されないのですが、データ構造を操作する2つのバイトコードの間にスレッドの切り替えが発生する可能性があります。このため、同じオブジェクトに複数スレッドが同時にアクセスすると危険です。これらの割り込みによって、データ構造の不変条件がいつでも失われる可能性があり、プログラムが壊れた状態になる危険性があります。

例えば、センサー全体のネットワークから光のレベルのサンプルを採取するような、多くのことを並列にカウントするプログラムを書こうとしているとします。光のサンプルの全個数を決定したいなら、新しいクラスに集約することができます。

```python
class Counter(object):
    def __init__(self):
        self.count = 0

    def increment(self, offset):
        self.count += offset
```

センサーには、センサーからの読み込みにブロッキングI/Oが必要なので、それぞれ作業スレッドがあるものとしましょう。各センサーの測定後、作業スレッドは、望ましい読み込みの最大数に達するまでカウンタを1つ増やすものとします。

```python
def worker(sensor_index, how_many, counter):
    for _ in range(how_many):
        # センサーから読み込む
        # ...
        counter.increment(1)
```

各センサーの作業スレッドを開始して、すべてが読み込むのを終わるまで待つ関数を定義します。

```python
def run_threads(func, how_many, counter):
    threads = []
    for i in range(5):
        args = (i, how_many, counter)
        thread = Thread(target=func, args=args)
        threads.append(thread)
        thread.start()
    for thread in threads:
        thread.join()
```

5つのスレッドを並列に実行するのは簡単です。結果は自明なはずです。

```python
how_many = 10**5
counter = Counter()
run_threads(worker, how_many, counter)
print('Counter should be %d, found %d' %
      (5 * how_many, counter.count))
```

```
>>>
Counter should be 500000, found 278328
```

しかし、この結果は外れています。何が起こったのでしょうか。こんなに単純なものが、Python インタプリタが1つしか実行できないのに、どうしておかしくなるのでしょうか。

Pythonインタプリタは、すべてのスレッドの公平性を担保しており、それぞれがほぼ等しいプロセス時間を得られることを保証するように実行しています。これを行うため、Pythonは実行されているスレッドをサスペンドして、他のスレッドを順に再開させるのです。スレッドは、アトミックなように見える演算の途中でも中断する場合があります。それがここで起こっていることです。

Counterオブジェクトのincrementメソッドは、単純に見えます。

```python
counter.count += offset
```

オブジェクト属性に用いられた+=演算子は、実際にはPythonで3つの演算を裏で実行します。上の文は次のに等価です。

```python
value = getattr(counter, 'count')
result = value + offset
setattr(counter, 'count', result)
```

カウンタを増やすPythonスレッドは、上の命令列のどこの間でもサスペンドできます。この命令インターリーブによって古い状態の値がカウンタに代入される可能性があります。2つのスレッドAとBとの間での良くない相互作用の例を次に示します。

```
# スレッドAを実行する
value_a = getattr(counter, 'count')
# スレッドBへのコンテキストスイッチ
value_b = getattr(counter, 'count')
result_b = value_b + 1
setattr(counter, 'count', result_b)
# スレッドAへのコンテキストスイッチ戻し
result_a = value_a + 1
setattr(counter, 'count', result_a)
```

スレッドAがスレッドBの処理結果を上書きして、カウンタの増加すべてを消してしまいます。これが上の光センサーの例で起こっていることです。

このような**データ競合**（data race）によるデータ構造の破壊を防ぐために、Pythonは、組み込みモジュールthreadingで頑健なツールを提供しています。単純でしかも有用なのが相互排他ロック（mutex）のLockクラスです。

ロックを使うと、複数スレッドからの同時アクセスに対して、現在の値を保護するCounterクラスを定義できます。ある時点でロックを取ることができるのは、1つのスレッドだけです。with文を使って、ロックを獲得、解放します。これによって、ロックがかかっているときに、どのコードが実行されているかがわかりやすくなります（「項目43　contextlibとwith文をtry/finallyの代わりに考える」を参照）。

```
class LockingCounter(object):
    def __init__(self):
        self.lock = Lock()
        self.count = 0

    def increment(self, offset):
        with self.lock:
            self.count += offset
```

前回同様作業スレッドを実行しますが、LockingCounterを代わりに使います。

```
counter = LockingCounter()
run_threads(worker, how_many, counter)
print('Counter should be %d, found %d' %
    (5 * how_many, counter.count))

>>>
Counter should be 500000, found 500000
```

結果はまさに期待通りです。Lockが問題を解決しました。

覚えておくこと

- Pythonにはグローバルインタプリタロックがあるが、プログラムの中でスレッド間のデータ競合が起こらないよう保護するのは、プログラマの責任だ。
- プログラムで、複数スレッドがロックなしに同じオブジェクトを変更することを許してしまったら、データ構造が壊れてしまう。
- 組み込みモジュールthreadingのLockクラスは、Pythonの標準相互排他ロック実装である。

項目39：スレッド間の協調作業にはQueueを使う

多くのことを並行に行うPythonプログラムは、それらの作業間の協調を取る必要性がしばしばあります。並行作業を行うのに最も役に立つのが、関数パイプラインです。

パイプラインは、製造における組み立てラインのように働きます。パイプラインには、多くの段階（phase）があり、各段階で特定の関数が順次稼働していきます。新たな作業要素が、パイプラインの先頭に常に与えられます。各関数は、その段階で並行に作業できます。作業は各関数が次々に完了しながら、残っている関数（段階）が尽きるまで、進行していきます。この方式は、Pythonを使ってたやすく並列化できるアクティビティであるブロッキングI/O（「項目37 スレッドはブロッキングI/Oに使い、並列性に使うのは避ける」参照）やサブプロセスを含むような作業に特に適しています。

例えば、デジタルカメラから一連の画像を取り出し、サイズを変更して、オンラインのフォトギャラリーに投稿するというシステムを作りたいとします。このようなプログラムは、3段に分けたパイプラインで作れます。第1段階では、新たな写真画像を取り出します。そのダウンロードした画像を第2段階のサイズ変更関数に引き渡します。サイズ変更した写真が最終段階で使われてアップロードされます。

各段階の処理を実行する関数、download, resize, uploadをPythonの関数としてすでに書いてあったと仮定しましょう。この作業を並行に行うために、どのようにパイプラインを組み立てますか？

最初に必要なのは、パイプラインの段階間で作業を引き継ぐ方法です。これはスレッドセーフな生産者消費者キューでモデル化できます（Pythonでのスレッドセーフの重要性を理解するには、「項目38 スレッドでのデータ競合を防ぐためにLockを使う」を参照。dequeクラスについては、「項目46 組み込みアルゴリズムとデータ構造を使う」を参照）。

```python
class MyQueue(object):
    def __init__(self):
        self.items = deque()
        self.lock = Lock()
```

生産者（producer）のデジカメは、作業画像のリストの末尾に新たな画像を追加していきます。

```
    def put(self, item):
        with self.lock:
            self.items.append(item)
```

パイプライン処理第1段階の消費者は、作業画像リストの先頭から画像を取り出します。

```
    def get(self):
        with self.lock:
            return self.items.popleft()
```

パイプラインの各段階を、このようにキューから作業を取り出し、それに関数を実行し、結果をもう1つの別なキューに置くという、Pythonスレッドとして表しましょう。この作業者スレッドが、新しい入力を何回チェックして、どれだけの作業をこなしたかを記録するようにします。

```
class Worker(Thread):
    def __init__(self, func, in_queue, out_queue):
        super().__init__()
        self.func = func
        self.in_queue = in_queue
        self.out_queue = out_queue
        self.polled_count = 0
        self.work_done = 0
```

作業者スレッドが、前段階の作業が完了せず入力キューが空の場合を正しく扱うところは、とても難しいです。これは、次のように、IndexError例外を捕捉したところで起こっています。これは、組み立てラインの停止だと考えてよいでしょう。

```
    def run(self):
        while True:
            self.polled_count += 1
            try:
                item = self.in_queue.get()
            except IndexError:
                sleep(0.01)  # 仕事がない
            else:
                result = self.func(item)
                self.out_queue.put(result)
                self.work_done += 1
```

3つの段階を結合するのにキューを用いて協調点を与え、対応する作業者スレッドを次のように割り当てましょう。

```
download_queue = MyQueue()
resize_queue = MyQueue()
upload_queue = MyQueue()
```

項目39：スレッド間の協調作業にはQueueを使う | **131**

```
done_queue = MyQueue()
threads = [
    Worker(download, download_queue, resize_queue),
    Worker(resize, resize_queue, upload_queue),
    Worker(upload, upload_queue, done_queue),
]
```

　スレッドを開始させて、パイプラインの第1段階に作業を投入できます。Download関数に必要な実データの代わりに、ただのobjectインスタンスを使うことにします。

```
for thread in threads:
    thread.start()
for _ in range(1000):
    download_queue.put(object())
```

作業がパイプラインですべて処理され、done_queueに収められるまで待つことにします。

```
while len(done_queue.items) < 1000:
    # 待っている間に、何か有益なことをする
    # ...
```

　これは正しく実行されていますが、新たな作業がないか入力キューを待っているスレッドが引き起こす、興味深い副作用があります。runメソッドでIndexError例外をキャッチする手の込んだ部分が、多数回実行されるのです。

```
processed = len(done_queue.items)
polled = sum(t.polled_count for t in threads)
print('Processed', processed, 'items after polling',
      polled, 'times')

>>>
Processed 1000 items after polling 3030 times
```

　作業者関数の速度がバラバラなときには、前の方の段階が後ろの方の段階の進行を妨げて、パイプラインを渋滞させます。こうなると、後の段階は、作業に飢えて、何度も繰り返し入力キューに新しい仕事がないかチェックします。結果として、作業者スレッドが何も有益なことをせずにCPU時間を空費します（IndexError例外が定常的に引き起こされて捕捉されます）。

　しかし、これは、この実装のまずいところの取っ掛かりに過ぎません。解決しないといけない問題がまだ3つあります。第一に、すべての入力作業が完了したと決めるために、done_queueを同様にビジーウェイト（busy wait）する必要があります。第二に、Workerでは、runメソッドが永久にループしています。この作業者スレッドに、このループを抜け出すためのシグナルを送る方法がありません。

第三に、これが最悪なのですが、パイプラインの渋滞によって、プログラムがどこかでクラッシュすることがあります。第1段階が急速に進行したのに、第2段階が遅いままだと、第1と第2とを結ぶキューのサイズが増え続けます。第2段階は対処しきれません。時間と入力データとが貯まると、プログラムはメモリを食いつぶして異常終了します。

ここでの教訓は、パイプラインが良くないということではありません。優れた生産者消費者キューを自分で作ることが難しいということです。

Queue が助けになる

組み込みモジュール queue の Queue クラスは、これらの問題を解決するのに必要な機能すべてを提供します。

Queue は、ビジーウェイトを使わずに、新たなデータが得られるまで get メソッドをブロックします。例えば、次のように、キューの入力データを待つスレッドを開始できます。

```
from queue import Queue
queue = Queue()

def consumer():
    print('Consumer waiting')
    queue.get()                 # put() の後で実行される
    print('Consumer done')

thread = Thread(target=consumer)
thread.start()
```

スレッドが最初に実行されますが、Queue のインスタンスにデータが put されて、get メソッドが何かを返すまで終了することはありません。

```
print('Producer putting')
queue.put(object())             # 上の get() より先に実行される
thread.join()
print('Producer done')

>>>
Consumer waiting
Producer putting
Consumer done
Producer done
```

パイプライン渋滞を解消するため、Queue クラスでは、2つの段階の間で処理待ちデータの最大量を指定できます。このバッファサイズ指定によって、キューが満杯になったら、put をブロックすることができます。例えば、キューを消費する前に、しばらく待つスレッドを次のように定義します。

項目39：スレッド間の協調作業にはQueueを使う | **133**

```
queue = Queue(1)                # バッファサイズは1

def consumer():
    time.sleep(0.1)             # 待つ
    queue.get()                 # 2番目の実行
    print('Consumer got 1')
    queue.get()                 # 4番目の実行
    print('Consumer got 2')

thread = Thread(target=consumer)
thread.start()
```

　待っていることで、生産者スレッドは、消費者スレッドがgetを呼び出す前に、オブジェクトをキューにputすることができます。ただし、キューサイズは1です。つまり、キューに追加しようとする生産者は、消費者スレッドが少なくとも一度getを呼び出すまで待ってからでないと、2番目のput呼び出しがブロックされてキューに追加できません。

```
queue.put(object())            # 1番目の実行
print('Producer put 1')
queue.put(object())            # 3番目の実行
print('Producer put 2')
thread.join()
print('Producer done')

>>>
Producer put 1
Consumer got 1
Producer put 2
Consumer got 2
Producer done
```

　Queueクラスでは、task_doneメソッドを使って作業進捗を追跡することもできます。これによって、その段階での入力キューが減ってくるまで待つことができて、パイプラインの終端でdone_queueをポーリングする必要がなくなります。例えば、1つの作業を終えるとtask_doneを呼び出す消費者スレッドを次のように定義します。

```
in_queue = Queue()

def consumer():
    print('Consumer waiting')
    work = in_queue.get()      # 2番目 完了
    print('Consumer working')
    # 作業中
    # ...
    print('Consumer done')
```

```
    in_queue.task_done()          # 3番目 完了

Thread(target=consumer).start()
```

生産者コードでは、消費者スレッドとのジョインもポーリングも必要ありません。生産者は、Queueインスタンスでjoinを呼び出し、in_queueが終了するのを待てばよいのです。空になっていても、in_queueは、キューに入れられたすべてのデータについてtask_doneが呼ばれるまでは、joinができないようになっています。

```
in_queue.put(object())          # 1番目 完了
print('Producer waiting')
in_queue.join()                 # 4番目 完了
print('Producer done')

>>>
Consumer waiting
Producer waiting
Consumer working
Consumer done
Producer done
```

これらの振る舞いすべてをQueueのサブクラスにまとめて、さらに、作業者スレッドに対していつ処理を止めるべきかを通知するようにできます。キューに対して特別な要素を追加して、この後は入力がないことを示すcloseメソッドを次のように定義します。

```
class ClosableQueue(Queue):
    SENTINEL = object()

    def close(self):
        self.put(self.SENTINEL)
```

それから、この特別なオブジェクトがキューにないか探して、見つかったら反復処理を停止するイテレータを定義します。この__iter__メソッドは、適当な時期にtask_doneを呼び出して、キューの作業進捗を知らせることもします。

```
    def __iter__(self):
        while True:
            item = self.get()
            try:
                if item is self.SENTINEL:
                    return  # スレッドを終了させる
                yield item
            finally:
                self.task_done()
```

項目39：スレッド間の協調作業にはQueueを使う | **135**

作業者スレッドをClosableQueueクラスの振る舞いに依存するように再定義します。スレッドは、forループが尽きれば抜け出します。

```python
class StoppableWorker(Thread):
    def __init__(self, func, in_queue, out_queue):
        # ...

    def run(self):
        for item in self.in_queue:
            result = self.func(item)
            self.out_queue.put(result)
```

この新しいStoppableWorkerクラスを使って、一連の作業者スレッドを再生成します。

```python
download_queue = ClosableQueue()
# ...
threads = [
    StoppableWorker(download, download_queue, resize_queue),
    # ...
]
```

以前同様、作業者スレッドを実行した後で、すべての入力作業が投入されたら、第1段階の入力キューを閉じて停止信号を送り出します。

```python
for thread in threads:
    thread.start()
for _ in range(1000):
    download_queue.put(object())
download_queue.close()
```

最後に、各段階を結合していたキューをジョインして作業が終わるのを待ちます。各段階が終わるたびに、次の段階に、入力キューを閉じて終えるように伝えます。最終的に、done_queueが期待通りにすべての出力オブジェクトを含んでいます。

```python
download_queue.join()
resize_queue.close()
resize_queue.join()
upload_queue.close()
upload_queue.join()
print(done_queue.qsize(), 'items finished')

>>>
1000 items finished
```

覚えておくこと

- パイプラインは、複数のPythonスレッドを使って、一連の作業を並行に行う優れた方法だ。
- ビジーウェイト、作業停止、メモリ爆発などの多くの問題が並行パイプライン構築に付随することを知っておく。
- Queueクラスが、ブロッキング操作、バッファサイズ、join処理など、頑健なパイプラインを構築するのに必要なすべての機能を持っている。

項目40：多くの関数を並行に実行するにはコルーチンを考える

スレッドにより、Pythonプログラマは、複数の関数を見た目の上では同時に実行することができます（「項目37 スレッドはブロッキングI/Oに使い、並列性に使うのは避ける」参照）。しかし、スレッドには、次のような3つの大問題があります。

- 互いが安全に協調するためには特別なツールが必要となる（「項目38 スレッドでのデータ競合を防ぐためにLockを使う」と、「項目39 スレッド間の協調作業にはQueueを使う」を参照）。これにより、スレッドを使ったコードは、手続き的な単一スレッドのコードよりも、理解が困難となる。この複雑さは、スレッドコードを長年にわたって拡張保守することを困難にする。
- スレッドは、1つの実行に約8MBという多量のメモリを必要とする。多くのコンピュータで、このメモリ量は、十数個のスレッドでは問題ない。しかし、プログラムから数万の関数を「同時に」実行しようとしたらどうだろうか。こういった関数は、サーバへのユーザリクエスト、スクリーン上のピクセル、シミュレーションされる粒子などに対応する。アクティビティごとにスレッドを割り当て実行するのでは、うまくいかない。
- スレッドは、開始にコストがかかる。定常的に、新たに並行処理の関数を作成して、終わらせるとすれば、スレッドを使うオーバーヘッドは大きくなり、すべての処理が遅くなるだろう。

Pythonでは、これらの問題を**コルーチン**（coroutine）で回避できます。コルーチンなら、Pythonプログラム中で多くの関数を擬似的に同時に動かせます。コルーチンは、ジェネレータ（「項目16 リストを返さずにジェネレータを返すことを考える」参照）の拡張として実装されています。ジェネレータ・コルーチンを開始するコストは、関数呼び出しで済みます。アクティブな状態で、コルーチンのそれぞれは、終了するまで1KB以下のメモリしか使いません。

コルーチンでは、ジェネレータから値を取得するコードが、yield式を実行した直後のジェネレータに値を戻せます。ジェネレータ関数は、send関数に渡された値を、対応するyield式の結果であるかのように受け取ります。

項目40：多くの関数を並行に実行するにはコルーチンを考える | **137**

```python
def my_coroutine():
    while True:
        received = yield
        print('Received:', received)

it = my_coroutine()
next(it)                  # コルーチン開始
it.send('First')
it.send('Second')

>>>
Received: First
Received: Second
```

　nextへの最初の呼び出しでは、ジェネレータを最初のsendを受け取れるように、最初のyield式にまで進めておくという準備が必要です。ジェネレータに外部から入力を与え、入力に応じてさまざまな値をyieldする標準的な手段として、sendとyieldが用意されています。

　例えば、これまでに送った値の中の最小値を計算するジェネレータ・コルーチンを実装します。次に示すコードの中で、引数を持たないyield式は、外から送られた最初の最小値を持つコルーチンを用意します。ジェネレータは、次に考慮する値として、新たな最小値を計算しては繰り返しyieldします。

```python
def minimize():
    current = yield
    while True:
        value = yield current
        current = min(value, current)
```

　ジェネレータを消費するコードは1ステップずつ実行して、入力をチェックしては最小値を出力します。

```python
it = minimize()
next(it)                # ジェネレータを開始
print(it.send(10))
print(it.send(4))
print(it.send(22))
print(it.send(-1))

>>>
10
4
4
-1
```

138 | 5章 並行性と並列性

　ジェネレータは、永遠に実行され続け、sendが呼び出されるごとに進行していきます。スレッド同様、コルーチンもその環境からの入力を消費し、結果を出力する独立した関数です。スレッドとの違いは、コルーチンがジェネレータ関数のyield式ごとに停止して、外側からのsendの呼び出しの後で再開することです。これがコルーチンの魔法のような仕組みです。

　この振る舞いによって、ジェネレータを消費するコードが、コルーチンの各yield式の後で活動することができます。消費者側のコードは、ジェネレータの出力値を使って、他の関数を呼び出し、データ構造を更新できます。最も重要なことは、他のジェネレータ関数を次のyield式まで進めさせられることです。多くの別々のジェネレータをこのように行進させていくことで、それらが同時に、Pythonのスレッドの並行的振る舞いを真似て実行しているように見えるのです。

ライフゲーム

　コルーチンの同時的な振る舞いを例を使って示しましょう。コルーチンを使って、コンウェイのライフゲーム[*1]を実装しましょう。ゲームの規則は単純です。サイズが任意の2次元のマス目（grid）があります。マス目の各セルは、生きているか空かのどちらかです。

```
ALIVE = '*'
EMPTY = '-'
```

　ゲームは時計が1つ時を刻むごとに1ステップ進みます。各ステップで、各セルは隣接する8つのセルでいくつ生きているかをカウントします。その隣接するセルのカウント数で、各セルは生存し続けるか、死ぬか、再生するかを決めます。5×5のライフゲームのマス目の例を4世代、時間が左から右へと進行するものとして、次に示します。ゲームの規則はずっと後で説明します。

```
    0   |   1   |   2   |   3   |   4
  ----- | ----- | ----- | ----- | -----
  -*--- | --*-- | --**- | --*-- | -----
  --**- | --**- | -*--- | -*--- | -**--
  ---*- | --**- | --**- | --*-- | -----
  ----- | ----- | ----- | ----- | -----
```

　このゲームでは、各セルを他と歩調を合わせて実行するジェネレータ・コルーチンで表してモデル化できます。

　この実装には、最初に8つの隣接セルの状態を取得する必要があります。これをQueryオブジェクトをyieldするcount_neighborsという名前のコルーチンで行えます。クラスQueryは、自分で定義します。これは、取り巻く環境から情報を尋ねるジェネレータ・コルーチンを提供します。

```
Query = namedtuple('Query', ('y', 'x'))
```

[*1]　訳注：Wikipediaに「ライフゲーム」の項目がある。1970年に考案された。セルオートマトンの例としても有名。

項目40：多くの関数を並行に実行するにはコルーチンを考える | **139**

このコルーチンは、各隣接セルにQueryを発行します。それぞれのyield式の結果は、ALIVEか
EMPTYです。それがコルーチンとその消費コードとの間で定義したインタフェース契約です。count_
neighborsジェネレータは、隣接セルの状態を見て、生存セルの個数を返します。

```python
def count_neighbors(y, x):
    n_ = yield Query(y + 1, x + 0)  # 北
    ne = yield Query(y + 1, x + 1)  # 北東
    # e_, se, s_, sw, w_, nw ...を定義
    # ...
    neighbor_states = [n_, ne, e_, se, s_, sw, w_, nw]
    count = 0
    for state in neighbor_states:
        if state == ALIVE:
            count += 1
    return count
```

コルーチンcount_neighborsを適当なデータで試験することができます。Queryオブジェクトが隣
接セルごとにどうyieldするかを次に示します。count_neighborsは、コルーチンのsendメッセージ
によって、Queryに対応するセル状態を受け取ります。最後のカウントは、ジェネレータが尽きたと
きに、return文で起こされるStopIteration例外で返されます。

```python
it = count_neighbors(10, 5)
q1 = next(it)                    # 最初のQueryを受け取る
print('First yield: ', q1)
q2 = it.send(ALIVE)              # q1 状態を送り，q2を受け取る
print('Second yield:', q2)
q3 = it.send(ALIVE)              # q2 状態を送り，q3を受け取る
# ...
try:
    it.send(EMPTY)      # q8 状態を送り，countを取る
except StopIteration as e:
    print('Count: ', e.value)  # return文で返される値

>>>
First yield: Query(y=11, x=5)
Second yield: Query(y=11, x=6)
...
Count: 2
```

今度は、count_neighborsによる隣接セルのカウントに応じて、セルが新たな状態に遷移するこ
とを示す必要があります。そのために、step_cellというもう1つのコルーチンを定義します。この
ジェネレータはTransitionオブジェクトをyieldすることで、セルの状態遷移を示します。これは、
Queryクラスと同様に定義します。

```
Transition = namedtuple('Transition', ('y', 'x', 'state'))
```

step_cellは、マス目の座標を引数として受け取ります。step_cellはまずQueryをyieldして、その座標の状態を受け取ります。count_neighborsを実行して、周りのセルを調べます。ゲームの規則を実行して、次のステップではどの状態になるかを決定します。最後に、Transitionオブジェクトをyieldして、周囲の環境にセルの次の状態を知らせます。

```
def game_logic(state, neighbors):
    # ...

def step_cell(y, x):
    state = yield Query(y, x)
    neighbors = yield from count_neighbors(y, x)
    next_state = game_logic(state, neighbors)
    yield Transition(y, x, next_state)
```

重要なことは、count_neighborsへの呼び出しでyield from式を使っていることです。これは、Pythonがジェネレータ・コルーチンを合成する式で、これにより、より小さな機能を再利用し、単純なコルーチンから複雑なコルーチンを組み立てられます。count_neighborsが尽きると、count_neighborsがreturn文で返す値は、yield from式の結果としてstep_cellに渡されます。

コンウェイのライフゲームの単純なゲームの規則を最後に定義します。3つの規則だけです。

```
def game_logic(state, neighbors):
    if state == ALIVE:
        if neighbors < 2:
            return EMPTY      # 死 あまりに少ない
        elif neighbors > 3:
            return EMPTY      # 死 あまりに多い
    else:
        if neighbors == 3:
            return ALIVE      # 再生
    return state
```

コルーチンstep_cellにデータを渡してテストします。

```
it = step_cell(10, 5)
q0 = next(it)              # 初期状態のQuery
print('Me:      ', q0)
q1 = it.send(ALIVE)        # 自分の状態を送り、隣接セルのQueryの結果を受け取る
print('Q1:      ', q1)
# ...
t1 = it.send(EMPTY)        # q8を送り，ゲームの結果を受け取る
print('Outcome: ', t1)

>>>
```

```
Me:       Query(y=10, x=5)
Q1:       Query(y=11, x=5)
...
Outcome: Transition(y=10, x=5, state='-')
```

このゲームの目的は、このロジックをマス目全部のセルで足並みを揃えて実行させることです。そのために、step_cellコルーチンからsimulateコルーチンへと作成を進めます。このコルーチンは、step_cellから何度もyieldすることで、マス目にあるセルを進行させます。すべての座標値について進行させた後で、TICKオブジェクトをyieldして、現世代のセルがすべて次に遷移したことを示します。

```
TICK = object()

def simulate(height, width):
    while True:
        for y in range(height):
            for x in range(width):
                yield from step_cell(y, x)
        yield TICK
```

このsimulateですごいのは、周囲の環境とまったく絶縁されていることです。マス目がどのようなPythonオブジェクトとして表されているか、Query、Transition、TICKの値が外側でどのように扱われているか、ゲームの初期状態がどうなっているか、などを未だ定義していないのです。それでも、この関数のロジックは明白です。すべてのセルがstep_cellを実行して遷移します。これは、simulateコルーチンが進行する限り、永遠に続きます。

これが、コルーチンの美しさです。達成しようとしているロジックにだけ焦点を当てることを助けます。環境に応じたコードの命令を目的を達成する実装から切り離します。これにより、コルーチンを見かけ上並列に実行できます。さらに、コルーチンを変更せずに、これらの命令の実装を改善することができます。

さて、実環境でsimulateを実行することにしましょう。そのためには、マス目の各セルの状態を表現する必要があります。マス目を保持するクラスを次のように定義します。

```
class Grid(object):
    def __init__(self, height, width):
        self.height = height
        self.width = width
        self.rows = []
        for _ in range(self.height):
            self.rows.append([EMPTY] * self.width)

    def __str__(self):
        # ...
```

142 | 5章　並行性と並列性

このマス目（grid）オブジェクトは、任意の座標値で、getやsetができます。座標が範囲外の時は、回り込むようにして、マス目を無限にループする空間[*1]として扱います。

```python
def query(self, y, x):
    return self.rows[y % self.height][x % self.width]

def assign(self, y, x, state):
    self.rows[y % self.height][x % self.width] = state
```

とうとう、simulateやその他の内部のコルーチンすべてからyieldされる値を解釈する関数を定義できるところまで来ました。この関数は、コルーチンからの命令を周囲の環境との相互作用に変換します。これは、マス目全部のセルを1ステップ進め、次の状態を含んだ新たなマス目を返します。

```python
def live_a_generation(grid, sim):
    progeny = Grid(grid.height, grid.width)
    item = next(sim)
    while item is not TICK:
        if isinstance(item, Query):
            state = grid.query(item.y, item.x)
            item = sim.send(state)
        else:  # Transitionのはず
            progeny.assign(item.y, item.x, item.state)
            item = next(sim)
    return progeny
```

この関数の働きを見るには、マス目を作って初期状態を設定しなければなりません。**グライダー**（glider）と呼ばれる古典的な形を作ります。

```python
grid = Grid(5, 9)
grid.assign(0, 3, ALIVE)
# ...
print(grid)

>>>
---*-----
----*----
--***----
---------
---------
```

このマス目を順に一世代ずつ進めることができます。マス目の中で、グライダーが、game_logic関数の単純な規則に基づいて、右下に進行するのがわかります。

[*1]　訳注：位相幾何学で2次元平坦トーラスと呼ばれるものである。

項目40：多くの関数を並行に実行するにはコルーチンを考える | **143**

```python
class ColumnPrinter(object):
    # ...

columns = ColumnPrinter()
sim = simulate(grid.height, grid.width)
for i in range(5):
    columns.append(str(grid))
    grid = live_a_generation(grid, sim)

print(columns)

>>>
    0     |    1     |    2     |    3     |    4
---*----- | -------- | -------- | --------- | ---------
----*---- | --*-*---- | ----*---- | ---*----- | ----*----
--***---- | ---**---- | --*-*---- | -----**--- | -----*---
--------- | ---*----- | ---**---- | ---**---- | ---***---
--------- | -------- | -------- | --------- | ---------
```

　この方式で一番良いことは、`game_logic`関数を、関係するコードを一切更新することなく、変更できるということです、既存の`Query`、`Transition`、`TICK`を使ってゲームの規則を替えたり、影響範囲を広げたりできます。これは、コルーチンがどのようにして、重要な設計原則である**関心の分離**（separation of concerns）[*1]を実現しているかを示しています。

Python 2でのコルーチン

　残念ながら、Python 2では、Python 3でコルーチンを格好良くしていた**糖衣構文**（syntactical sugar）のいくつかが欠けています。次の2つが問題です。

　第一に、`yield from`式がありません。すなわち、Python 2で、ジェネレータ・コルーチンの合成をするには、委譲を行っている箇所でループを追加する必要があります。

```python
# Python 2
def delegated():
    yield 1
    yield 2

def composed():
    yield 'A'
    for value in delegated():  # Python 3でのyield from
        yield value
    yield 'B'
```

[*1] 訳注：SoCとも略される。ソフトウェア工学における重要な原則。Wikipediaにも項目が掲載されている。

```
print list(composed())

>>>
['A', 1, 2, 'B']
```

　第二の問題は、Python 2 ジェネレータからの戻り値へのサポートがないことです。try/except/finally ブロックでの働きが、同じ振る舞いをするためには、自分で例外型を定義して、値を返したいときに、その例外を起こさなければなりません。

```
class MyReturn(Exception):
    def __init__(self, value):
        self.value = value

def delegated():
    yield 1
    raise MyReturn(2)  # Python 3 なら return 2
    yield 'Not reached'

def composed():
    try:
        for value in delegated():
            yield value
    except MyReturn as e:
        output = e.value
    yield output * 4

print list(composed())

>>>
[1, 8]
```

覚えておくこと

- コルーチンは、何万もの関数を見かけ上一斉に実行する効率的な方法を提供する。
- ジェネレータの内部では、yield 式の値は、外部のコードでジェネレータの send メソッドに渡された値になる。
- コルーチンは、取り巻く環境との相互作用からプログラムの中核となるロジックを分離する強力なツールである。
- Python 2 は、yield from 式やジェネレータからの return 文をサポートしていない。

項目41：本当の並列性のためにconcurrent.futuresを考える

　Pythonのプログラムを書いていると、どこかで、性能の壁にぶつかることがあります。コードを最適化した後ですら（「項目58　最適化の前にプロファイル」参照）、プログラムの実行が必要とするよりもずっと遅いことがあります。CPUコアの個数がどんどん増えている最近のコンピュータでは、解決策の1つが、並列性にあると仮定するのは妥当でしょう。コードの計算を分割して、複数のCPUコアで同時に稼働する独立した作業部分にできたら、ということです。

　残念ながら、Pythonのグローバルインタプリタロック（GIL）はスレッドでは真の並列性の実現を妨げる（「項目37　スレッドはブロッキングI/Oに使い、並列性に使うのは避ける」参照）ため、この方法は使えません。別のよくある手段は、性能に一番影響する部分のコードをC言語を使った拡張モジュールとして書き直すことです。CはCPUチップに近いコードが書けて、Pythonより速いので、並列性は必要ありません。C拡張ならば、並列に実行されるネイティブスレッドも開始できるので、マルチコアを活用できます。C拡張のためのPythonのAPIは、ドキュメントも整備され、緊急避難先としては優れた選択肢です。

　しかし、コードをCで書き直すのは、高くつく作業です。Pythonで簡潔で理解しやすいコードが、Cでは長々しくて複雑なものになりかねません。この手の移植作業には、徹底したテストを行って、機能が元のPythonのコードと等しく、バグが生じていないことを確かめる必要があります。それだけの価値がある分野については、Pythonコミュニティにおける、テキスト処理、画像構成、行列計算などの作業を高速化するC拡張の巨大エコシステムがあります。一方で、Cへの移行を容易にする、Cython（http://cython.org/）やNumba（http://numba.pydata.org）のようなオープンソースツールもあります[*1]。

　問題は、プログラムの一部をCにしただけでは、多くの場合に十分でないことです。Pythonプログラムの最適化では、通常、遅い箇所が1ヶ所ではなく複数あります。Cのハードウエア依りな点や、スレッドの利点を享受するには、プログラムの多くの部分を移植する必要があり、テストの必要性もリスクも増大します。Pythonでの投資を活用しながら、困難な計算量の問題を解決するもっと良い方法があるはずです。

　組み込みモジュールconcurrent.futuresからアクセスされる組み込みモジュールmultiprocessingがまさに必要としているものです。これは、Pythonで、複数CPUコアを活用し、インタプリタを子プロセスとして並列に実行します。子プロセスは、メインのインタプリタとは別になっているので、GILも別になっています。子プロセスは、1つのCPUコアを完全に利用できます。子プロセスは主プロセスとのリンクを持っていて、計算実行の命令を受け取り、結果を返すことができます。

＊1　訳注：Numbaは厳密にはCへ変換するのではなくて、ネイティブな機械語に変換（コンパイル）する。どちらもPythonコードをベースにして高速化を支援している。

146 | 5章　並行性と並列性

　例えば、Pythonで重い計算をするのにマルチコアCPUを活用したいとします。2数の最大公約数を見つける計算を実装します。これは、もっと計算量の大きい、ナビエ・ストークス方程式で流体力学をシミュレーションするようなアルゴリズムを使う実際例の代用です。

```python
def gcd(pair):
    a, b = pair
    low = min(a, b)
    for i in range(low, 0, -1):
        if a % i == 0 and b % i == 0:
            return i
```

この関数を順次実行させると、並列性がないために、時間が線形に増加します。

```python
numbers = [(1963309, 2265973), (2030677, 3814172),
           (1551645, 2229620), (2039045, 2020802)]
start = time()
results = list(map(gcd, numbers))
end = time()
print('Took %.3f seconds' % (end - start))

>>>
Took 1.170 seconds
```

　このコードを複数のPythonスレッドで実行しても、GILがマルチコアCPUを並列に使用することを許さないので、速度改善は望めません。同じ計算をconcurrent.futuresモジュールとそのThreadPoolExecutorクラスと2つの作業スレッドを（筆者のコンピュータのCPUコア数に合わせて）使って、次のように行います。

```python
start = time()
pool = ThreadPoolExecutor(max_workers=2)
results = list(pool.map(gcd, numbers))
end = time()
print('Took %.3f seconds' % (end - start))

>>>
Took 1.199 seconds
```

　今度は、スレッドプールの開始や通信のオーバーヘッドのために、かえって遅くなりました。

　次は驚くべきところです。コードを1行変更しただけで、不思議なことが起こりました。ThreadPoolExecutorをconcurrent.futuresモジュールのProcessPoolExecutorに変えるだけで、すべてがスピードアップしました。

```python
start = time()
pool = ProcessPoolExecutor(max_workers=2)  # 1つ変更
```

項目41：本当の並列性のためにconcurrent.futuresを考える | **147**

```
results = list(pool.map(gcd, numbers))
end = time()
print('Took %.3f seconds' % (end - start))

>>>
Took 0.663 seconds    *1
```

　筆者のデュアルコアマシンで実行すると、これははっきりと速いです。どうしてこんなことが可能になったのでしょうか。ProcessPoolExecutorが実際に行うのは次のようなことです（multiprocessingモジュールが提供する低レベルのルーチンによります）。

1. 入力データnumbersからそれぞれの要素を取り出してmapに渡す。
2. pickleモジュール（「項目44　copyregでpickleを信頼できるようにする」参照）を使ってバイナリデータにシリアライズする。
3. シリアライズしたデータをメインインタプリタプロセスから子インタプリタプロセスにローカルソケットを介してコピーする。
4. 次に、子プロセスのpickleを用いてデータをデシリアライズしてPythonオブジェクトに復元する。
5. 次に、gcd関数を含むPythonモジュールをインポートする。
6. 入力データにgcd関数を他の子プロセスと並列に実行する。
7. 結果をシリアライズしてバイトに戻す。
8. ソケットを介して、そのバイトをコピーして戻す。
9. 親プロセスで、バイトをデシリアライズしてPythonオブジェクトに戻す。
10.最後に、複数の子からの結果を単一のリストに併合して返す。

　プログラマには単純に見えるでしょうが、multiprocessingモジュールとProcessPoolExecutorクラスとは、膨大な作業を行って並列性を可能にします。ほとんどの他の言語では、ロックかアトミック演算があれば2つのスレッドを連携できます。multiprocessingを使うオーバーヘッドは、シリアライズとデシリアライズのすべてが親プロセスと子プロセスとの間で起こらねばならないために、高価なものになっています。

　この方式は、分離した（isolated）、レバレッジの高い（high-leveraged）タスクに適しています。

---

*1　訳注：Windows環境で実行すると、RuntimeError例外が発生する。Windows環境では、このプログラムをdef main():で囲み、

```
if __name__ == '__main__':
    main()
```

で呼び出すと動く。詳細は http://docs.python.jp/3/library/multiprocessing.html#programming-guidelines 「メインモジュールの安全なインポート」の項を参照のこと。

分離というのは、プログラムの他の部分と状態を共有する必要がないということです。レバレッジが高いというのは、少量のデータだけを親と子のプロセス間でやりとりすれば、大量の計算が可能という状況を意味します。この最大公約数アルゴリズムは、その一例ですが、他の多くの数学アルゴリズムも同様に働くでしょう。

　計算にこのような特性がない場合には、multiprocessingのオーバーヘッドは、並列性による速度向上をもたらさないでしょう。そのような場合に、multiprocessingは、より高度な共有メモリ、クロスプロセスロック、キュー、プロキシといった機能を提供します。しかし、これらの機能はすべて複雑なものです。Pythonスレッド間でのデータ共有は、単一プロセスのメモリ空間でも、必要であると納得することは難しいものです。この複雑さを他のプロセスへ広げて、ソケットも含めるのは、さらに理解しにくくなります。

　multiprocessingのすべての部品を使うことは避けて、より単純なconcurrent.futuresモジュールを介してその機能を使うことをお勧めします。ThreadPoolExecutorクラスを使って孤立した高レバレッジの関数をスレッドで実行することから始められます。後で、ProcessPoolExecutorに移って速度を向上できます。最後に、他の方法が尽きてしまったなら、multiprocessingモジュールを直接使うことを考えればよいのです。

覚えておくこと

- CPUボトルネック部分をC拡張モジュールに移すのは、Pythonコードへの投資を最大化しながら性能を改善する効率的な方法だ。しかし、これは高価なだけでなく、バグを作りかねない。
- multiprocessingモジュールは、ある種のPython計算を最小限の努力で並列化する強力なツールを提供する。
- multiprocessingの能力は、組み込みモジュールconcurrent.futuresとその単純なProcessPoolExecutorクラスで活かすのが一番良い。
- multiprocessingモジュールの高度な機能の部分は、あまりに複雑なので避けたほうがよい。

6章
組み込みモジュール

　Pythonは、「バッテリー同梱」アプローチ[*1]を標準ライブラリに対してとっています。他の言語の多くは、少数の共通パッケージしかなく、重要な機能は他で見つけてくる必要があります。Pythonにもコミュニティが構築したモジュールの素晴らしいリポジトリがありますが、デフォルトのインストールで、言語で共通して使われる重要なモジュールのほとんどを提供するように努力しています。

　標準モジュールの全体は、本書で扱うには膨大すぎますが、組み込みモジュールのいくつかは、Pythonのイディオムと深く関係していて、言語仕様の一部のようになっています。そういう本質的な組み込みモジュールは、複雑でエラーになりやすいプログラムを書くときに特に重要となります。

項目42：functools.wrapsを使って関数デコレータを定義する

　Pythonには、関数に適用できるデコレータの特別な構文があります。デコレータは、ラップする関数への呼び出しの前後で追加コードを実行することができます。これによって、入力の引数や戻り値にアクセスして値を変更できます。この機能は、セマンティクス強化、デバッグ、関数登録などを行うのに役立ちます。

　例えば、関数呼び出しの引数と戻り値を印刷したいとします。これは、再帰関数で関数呼び出しのスタックをデバッグするときに、特に有用です。そういうデコレータを次のように定義します。

```python
def trace(func):
    def wrapper(*args, **kwargs):
        result = func(*args, **kwargs)
        print('%s(%r, %r) -> %r' %
                (func.__name__, args, kwargs, result))
        return result
    return wrapper
```

[*1]　訳注：PEP 206　Python Advanced Library の Batteries Included Philosophy 参照。

これを@記号を用いて関数に適用できます。

```
@trace
def fibonacci(n):
    """Return the n-th Fibonacci number"""
    if n in (0, 1):
        return n
    return (fibonacci(n - 2) + fibonacci(n - 1))
```

@記号は、デコレータをラップする関数を引数として呼び出して、戻り値を同じスコープの元々の名前に代入することと等価です。

```
fibonacci = trace(fibonacci)
```

このデコレータつきの関数を呼び出すと、fibonacciが実行する前後でラッパーのコードが実行され、再帰スタックのレベルごとに引数と戻り値を印刷します。

```
fibonacci(3)

>>>
fibonacci((1,), {}) -> 1
fibonacci((0,), {}) -> 0
fibonacci((1,), {}) -> 1
fibonacci((2,), {}) -> 1
fibonacci((3,), {}) -> 2
```

これはきちんと働きますが、意図しない副作用があります。デコレータが返す値、上で呼ばれた関数は、自分がfibonacciという名前だとは考えていないのです。

```
print(fibonacci)
>>>
<function trace.<locals>.wrapper at 0x107f7ed08>
```

この原因はそう難しくはありません。trace関数は、定義するwrapperを返します。デコレータの働きで、wrapper関数が、定義元のモジュールでのfibonacciという名前に代入されたものです。この振る舞いは、デバッガ(「項目57 pdbで対話的にデバッグすることを考える」参照)やオブジェクトシリアライザー(「項目44 copyregでpickleを信頼できるようにする」参照)のようなイントロスペクションを行うツールの動きを損なうので、問題があります。

例えば、組み込み関数helpが、デコレートされたfibonacci関数には役立ちません。

```
help(fibonacci)
>>>
Help on function wrapper in module __main__:

wrapper(*args, **kwargs)
```

項目43：contextlibとwith文をtry/finallyの代わりに考える | **151**

　解決法は、`functools`組み込みモジュールの`wraps`ヘルパー関数を使うことです。これは、デコレータを書くのを助けるデコレータです。これを`wrapper`関数に適用すると、内部関数についてのすべての重要なメタデータが外部関数にコピーされます。

```
def trace(func):
    @wraps(func)
    def wrapper(*args, **kwargs):
        # ...
    return wrapper

@trace
def fibonacci(n):
    # ...
```

　`help`関数を実行すると、関数がデコレートされているにもかかわらず期待された結果が得られます。

```
help(fibonacci)
>>>
Help on function fibonacci in module __main__:

fibonacci(n)
    Return the n-th Fibonacci number
```

　`help`の呼び出しは、デコレータが面倒な問題を引き起こす例の1つに過ぎません。Python関数は、他にも多くの、言語の関数インタフェースを保守するために保存しなければならない標準属性（例えば、`__name__`、`__module__`）を持っています。`wraps`を使うことで、正しい振る舞いが得られます。

覚えておくこと

- デコレータは、実行時にある関数が他の関数を修正することを許すPython構文だ。
- デコレータを使うことでデバッガのようなイントロスペクションをするツールに奇妙な振る舞いを引き起こすことがある。
- 問題を起こさないようにデコレータを自分で定義するときには、組み込みモジュール`functools`のデコレータ`wraps`を使う。

項目43：contextlibとwith文をtry/finallyの代わりに考える

　Pythonのwith文は、コードが特別なコンテキスト下で実行されていることを示すのに使われます。例えば、相互排他ロック（「項目38 スレッドでのデータ競合を防ぐためにLockを使う」参照）を

152 | 6章　組み込みモジュール

with文で使い、そのコードがロック状態でのみ実行されることを示します。

```
lock = Lock()
with lock:
    print('Lock is held')
```

この例は、Lockクラスがwith文で正しく動作するので、次のtry/finally構成と等価になります。

```
lock.acquire()
try:
    print('Lock is held')
finally:
    lock.release()
```

この場合、with文の方が、try/finally構成で繰り返し現れるコードを書く必要がなくて優れています。with文では、組み込みモジュールcontextlibを使うことによって、オブジェクトや関数の利用がたやすくなります。このモジュールは、単純な関数をwith文で使えるようにするcontextmanagerデコレータを含みます。これは、（標準的な）特殊メソッド__enter__や__exit__を持つ新たなクラスを定義するよりも、ずっと容易です。

例えば、コードの一部の範囲で、デバッグ用のロギングをたくさんする必要があったとします。次のように、2つの重大度レベルでロギングを行う関数を定義します。

```
def my_function():
    logging.debug('Some debug data')
    logging.error('Error log here')
    logging.debug('More debug data')
```

プログラムのデフォルトのロギングレベルはWARNINGなので、この関数を実行した時の画面に出るのは、エラーメッセージだけです。

```
my_function()
>>>
Error log here
```

この関数のロギングレベルを、コンテキストマネージャを定義することで、一時的に上げることができます。このヘルパー関数は、withブロックでコードが実行される前に重大度レベルを上げて、その後では、重大度レベルを元に戻します。

```
@contextmanager
def debug_logging(level):
    logger = logging.getLogger()
    old_level = logger.getEffectiveLevel()
    logger.setLevel(level)
    try:
```

項目43：contextlibとwith文をtry/finallyの代わりに考える **153**

```
        yield
    finally:
        logger.setLevel(old_level)
```

yield式のところで、withブロックの内容が実行されます。withブロックで起こるすべての例外
は、yield式で再度起こされてヘルパー関数で捕えられます（「項目40 多くの関数を並行に実行する
にはコルーチンを考える」を参照）。

先ほどと同じロギング関数を、今度はdebug_loggingのコンテキストで実行しましょう。withブ
ロックでは、すべてのデバッグメッセージが出力されます。withブロックの外では、同じ関数がデ
バッグメッセージを出しません。

```
with debug_logging(logging.DEBUG):
    print('Inside:')
    my_function()
print('After:')
my_function()

>>>
Inside:
Some debug data
Error log here
More debug data
After:
Error log here
```

withターゲットを使う

with文に渡されるコンテキストマネージャは、オブジェクトを返すこともあります。このオブジェ
クトは、複合文のas部分のローカル変数に代入されます。これによって、withブロックで実行され
るコードが、そのコンテキストと直接相互作用することができます。

例えば、ファイルに書き込んだ後で、それを確実に正しく閉じたいとしましょう。openをwith文
に渡すことで、これを実現できます。openは、with文のasターゲットとしてファイルハンドルを返
し、withブロックを抜けた後でハンドルを閉じます。

```
with open('my_output.txt', 'w') as handle:
    handle.write('This is some data!')
```

この方式は、ファイルハンドルを自分で開いて閉じるよりも常に優れています。with文の実行が
抜けた後で、ファイルが実際に閉じられたことを確信できます。ファイルハンドルがオープンしてい
る間に実行するコード量も減らすことができますし、それは、一般に優れたやり方です。

自分の関数でasターゲットとして値を与えるために必要なのは、コンテキストマネージャからそ

の値をyieldすることだけです。例えば、コンテキストマネージャでLoggerインスタンスを取り出し、そのレベルを設定して、それをas ターゲットとしてyieldすることを次のように定義できます。

```
@contextmanager
def log_level(level, name):
    logger = logging.getLogger(name)
    old_level = logger.getEffectiveLevel()
    logger.setLevel(level)
    try:
        yield logger
    finally:
        logger.setLevel(old_level)
```

as ターゲットでdebugのようなロギングメソッドを呼び出すと、withブロックでのロギングの重大度レベルが十分低いので、出力がなされます。loggingモジュールを直接使うと、デフォルトのプログラムロガーのデフォルトのロギング重大度レベルがWARNINGなので、何も印刷されません。

```
with log_level(logging.DEBUG, 'my-log') as logger:
    logger.debug('This is my message!')
    logging.debug('This will not print')

>>>
This is my message!
```

with文を抜けた後で、my-logという名前のLoggerでデバッグロギングメソッドを呼び出しても、デフォルトのロギング重大度レベルが元に戻されているので、何も出力されません。エラーログメッセージは、常に出力されます。

```
logger = logging.getLogger('my-log')
logger.debug('Debug will not print')
logger.error('Error will print')

>>>
Error will print
```

覚えておくこと

- with文は、try/finallyブロックのロジックを再利用して、見た目をすっきりさせる。
- 組み込みモジュールcontextlibは、with文で自分の関数を使うことを容易にするcontextmanagerデコレータを提供する。
- コンテキストマネージャでyieldした値は、with文のas部分に引き渡される。これは、コードが特別なコンテキストの元に直接アクセスできるようにするので便利である。

項目44：copyregでpickleを信頼できるようにする

　組み込みモジュールpickleは、Pythonオブジェクトをシリアライズしてバイトストリームにしたり、バイトをデシリアライズしてオブジェクトに戻します。pickleによるバイトストリームを信頼できないパーティとの通信に用いるべきではありません。pickleの本来の目的は、Pythonオブジェクトを自分がコントロールしているチャネルを用いてプログラム間で渡すことです。

　　　pickleモジュールのシリアライズは、設計からして安全ではない。シリアライズしたデータは、本質的には、元のPythonオブジェクトをどのように再構築すればよいかを記述したプログラムを含む。これは、悪者のpickle情報がデシリアライズしようとするPythonプログラムのどの部分にも忍び込むのに使われうるということを意味する。
　　　対照的に、jsonモジュールは、設計から安全だ。シリアライズしたJSONデータは、オブジェクト階層の単純な記述しか含まない。JSONデータのデシリアライズは、Pythonプログラムを更なるリスクに晒すことがない。JSONのようなフォーマットが互いに信用のおけない、プログラム間や人との間でのコミュニケーションに使われるべきだ。

　例えば、Pythonオブジェクトを使って、ゲームでのプレイヤーの状態を表したいとしましょう。ゲーム状態には、プレイヤーがどのレベルにいるのか、あと何回プレイヤーが死んでも大丈夫なのかという情報が含まれます。

```
class GameState(object):
    def __init__(self):
        self.level = 0
        self.lives = 4
```

プログラムは、ゲームの進行とともにオブジェクトの内容を変更します。

```
state = GameState()
state.level += 1  # プレイヤーのレベルが上がった
state.lives -= 1  # プレイヤーがやり直した
```

　ユーザがゲームを止めるとき、プログラムは、ゲームの状態をファイルに保存して、後で再開できるようにします。pickleモジュールでこれが簡単にできます。ここでは、GameStateオブジェクトを直接ファイルにdumpします。

```
state_path = 'game_state.bin'
with open(state_path, 'wb') as f:
    pickle.dump(state, f)
```

　後で、ファイルをloadして、GameStateオブジェクトをあたかも一度もシリアライズされたことがないかのように取り戻すことができます。

```
    with open(state_path, 'rb') as f:
        state_after = pickle.load(f)
    print(state_after.__dict__)

    >>>
    {'lives': 3, 'level': 1}
```

この方式の問題点は、時間が経つに連れゲームの機能が増えるとどうなるかということです。プレイヤーが高得点を目指してポイントを稼ぐようにしたいとしましょう。プレイヤーのポイントを記録するために、GameStateクラスに新しいフィールドを追加します。

```
    class GameState(object):
        def __init__(self):
            # ...
            self.points = 0
```

GameStateクラスの新バージョンをpickleを使ってシリアライズすると、以前とまったく同様に働きます。ここでは、dumpsで文字列にシリアライズしたファイルをloadsでオブジェクトに戻すというラウンドトリップをシミュレーションします。

```
    state = GameState()
    serialized = pickle.dumps(state)
    state_after = pickle.loads(serialized)
    print(state_after.__dict__)

    >>>
    {'lives': 4, 'level': 0, 'points': 0}
```

しかし、ユーザが後で再開しようと思っている、保存してある古いGameStateオブジェクトだとどうでしょうか。GameStateクラスの新しい定義のプログラムを使って古いゲームファイルをpickleで元に戻してみます。

```
    with open(state_path, 'rb') as f:
        state_after = pickle.load(f)
    print(state_after.__dict__)

    >>>
    {'lives': 3, 'level': 1}
```

points属性がありません。これは、返されたオブジェクトが新たなGameStateクラスのインスタンスであることから、混乱をまねきます。

```
    assert isinstance(state_after, GameState)
```

この振る舞いは、pickleモジュールの働きの副作用です。本来のユースケースは、オブジェクト

項目44：copyregでpickleを信頼できるようにする | **157**

のシリアライズを容易にすることでした。pickleの使用法が自明なものから拡大して、モジュール
の機能が予期しない形で破綻し始めています。

この問題の解決は、組み込みモジュールcopyregを使えばすぐにできます。copyregモジュールは、
Pythonオブジェクトをシリアライズする責任のある関数を登録して、pickleの振る舞いを制御して、
ずっと信頼できるものにします。

デフォルト属性値

最も単純な場合、デフォルト引数でコンストラクタを使い（「項目19 キーワード引数にオプション
の振る舞いを与える」参照）、GameStateオブジェクトがpickleから戻った後で、すべての属性があ
るか確かめることができます。ここでは、コンストラクタを再定義します。

```
class GameState(object):
    def __init__(self, level=0, lives=4, points=0):
        self.level = level
        self.lives = lives
        self.points = points
```

このコンストラクタをpickleで使うために、GameStateオブジェクトを取って、copyregモジュー
ルのためにパラメータのタプルにするヘルパー関数を定義します。返されるタプルには、pickleか
ら戻すための関数とその関数への引数が含まれます。

```
def pickle_game_state(game_state):
    kwargs = game_state.__dict__
    return unpickle_game_state, (kwargs,)
```

次に、ヘルパー unpickle_game_stateを定義する必要があります。この関数はシリアライズした
データとpickle_game_stateからの引数を取って、対応するGameStateオブジェクトを返します。

```
def unpickle_game_state(kwargs):
    return GameState(**kwargs)
```

copyreg組み込みモジュールを使ってこれらを登録します。

```
copyreg.pickle(GameState, pickle_game_state)
```

シリアライズとデシリアライズは以前と同様に動きます。

```
state = GameState()
state.points += 1000
serialized = pickle.dumps(state)
state_after = pickle.loads(serialized)
print(state_after.__dict__)
```

```
>>>
{'lives': 4, 'level': 0, 'points': 1000}
```

この登録が済むと、GameStateの定義を変えて、ユーザが使える魔法の呪文の個数を数えるようにできます。この変更は、GameStateにpointsフィールドを追加した時とよく似ています。

```
class GameState(object):
    def __init__(self, level=0, lives=4, points=0, magic=5):
        # ...
```

しかし、前と違って、古いGameStateオブジェクトは、属性が失われることがなく、正しいゲームデータになっています。このように働いたのは、unpickle_game_stateがGameStateコンストラクタを直接呼び出したからです。コンストラクタのキーワード引数には、実引数を与えられないときのデフォルト値があります。これにより、古いゲーム状態ファイルをデシリアライズしたときに新しいフィールドmagicに対してデフォルト値を与えることができます。

```
state_after = pickle.loads(serialized)
print(state_after.__dict__)
```

```
>>>
{'level': 0, 'points': 1000, 'magic': 5, 'lives': 4}
```

クラスのバージョン管理

Pythonオブジェクトからフィールドを取り除くことによって、後方互換性を欠く変更を加えたい場合もあります。これでは、シリアライズの際にデフォルト引数を使うというやり方がうまくいきません。

例えば、限られた回数しか生き返れないのはまずいと思って、ゲームから生き返りという概念そのものをなくすことにしたとしましょう。GameStateをlivesというフィールドを持たないように再定義します。

```
class GameState(object):
    def __init__(self, level=0, points=0, magic=5):
        # ...
```

問題は、これによって古いゲームデータのデシリアライズができなくなることです。古いデータのすべてのフィールドが、クラスから取り除かれたのも含めて、unpickle_game_state関数によってGameStateコンストラクタに渡されます。

```
pickle.loads(serialized)
```

```
>>>
```

項目44：copyregでpickleを信頼できるようにする | **159**

```
TypeError: __init__() got an unexpected keyword argument
➡'lives'
```

これを解決するには、copyregに与える関数にバージョン引数を追加します。新たなシリアライズ
されたデータは、新たなGameStateオブジェクトをpickleするときにバージョンが2と指定されま
す。

```
def pickle_game_state(game_state):
    kwargs = game_state.__dict__
    kwargs['version'] = 2
    return unpickle_game_state, (kwargs,)
```

古いバージョンのデータには、現在はversion引数がないので、GameStateコンストラクタに渡す
引数にそれなりの処理が必要です。

```
def unpickle_game_state(kwargs):
    version = kwargs.pop('version', 1)
    if version == 1:
        kwargs.pop('lives')
    return GameState(**kwargs)
```

古いオブジェクトをデシリアライズしてもうまくいきます。

```
copyreg.pickle(GameState, pickle_game_state)
state_after = pickle.loads(serialized)
print(state_after.__dict__)

>>>
{'magic': 5, 'level': 0, 'points': 1000}
```

この方式を続けていって、同じクラスの将来のバージョン間の変化を扱うことができます。クラス
の古いバージョンから新しいバージョンへのどのようなロジックもunpickle_game_state関数で扱え
ます。

安定なインポートパス

pickleでぶつかるもう1つの問題は、クラスの名前変更によるものです。プログラムのライフサイ
クルでは、コードのリファクタリングによって、クラスの名前を変えたり、他のモジュールに移動し
たりすることがよくあります。残念ながら、これは、注意しないとpickleモジュールが動かなくな
ります。

GameStateクラスをBetterGameStateと名前を変えて、古いクラスをプログラムから全面的に削除
します。

160 | 6章　組み込みモジュール

```python
class BetterGameState(object):
    def __init__(self, level=0, points=0, magic=5):
        # ...
```

古いGameStateオブジェクトをデシリアライズしようとすると、クラスが見つからないので失敗します。

```python
pickle.loads(serialized)
```

```
>>>
AttributeError: Can't get attribute 'GameState' on <module?'__main__' from 'my_code.py'> *1
```

この例外の原因は、pickleしたデータでシリアライズされたオブジェクトのクラスの**インポートパス**（import path）が次のように符号化されているためです。

```python
print(serialized[:25])
```

```
>>>
b'\x80\x03c__main__\nGameState\nq\x00)'
```

解決法は、またもやcopyregを使うことです。関数に対してオブジェクトのunpickleに使う安定な識別子を指定できます。これによって、デシリアライズに際して、pickleしたデータを異なる名前の異なるクラスに対して移すことができるようになります。1段、間接的になります。

```python
copyreg.pickle(BetterGameState, pickle_game_state)
```

copyregを使った後で、BetterGameStateではなく、unpickle_game_stateへのインポートパスが、シリアライズされたデータに符号化されているのがわかります。

```python
state = BetterGameState()
serialized = pickle.dumps(state)
print(serialized[:35])
```

```
>>>
b'\x80\x03c__main__\nunpickle_game_state\nq\x00}'
```

unpickle_game_state関数が存在するモジュールの経路は変更できないということだけは理解しておかねばなりません。関数でデータをシリアライズした時、将来デシリアライズできるためには、そのインポートパスがその時に使えるようになっていなければなりません。

---

*1　訳注：システム環境によってエラーメッセージが異なる場合がある。訳者の環境（Windows 7、Python 3.3.5（Anaconda 2.3.0））では、`AttributeError: 'module' object has no attribute 'GameState'`となる。

項目45：ローカルクロックにはtimeではなくdatetimeを使う | **161**

覚えておくこと

- 組み込みモジュールpickleは、信頼されたプログラム間でオブジェクトをシリアライズ、デシリアライズするためにのみ役立つ。
- pickleモジュールは、自明なユースケース以外の使い方ではまずいことがある。
- pickleに組み込みモジュールcopyregを使うことにより、欠けている属性値の追加、クラスのバージョン管理、安定なインポートパスの提供ができる。

項目45：ローカルクロックにはtimeではなくdatetimeを使う

協定世界時（Coordinated Universal Time, UTC）は、標準のタイムゾーンとは独立した時間の表現方式です。UTCは、コンピュータの中で、UNIXエポック時間からの秒数で表すのに使われています。しかし、UTCは、人間にとっては理想的ではありません。人間が使う時刻は、今どこにいるかに依存する相対的なものです。「UTCの15:00マイナス7時」とは言わず、「8 am」とか「正午」と言います。プログラムで時刻を扱うなら、おそらく、UTCと現地の時計との間で時刻の変換をして、人間にとってわかりやすくしていることでしょう。

Pythonは、タイムゾーンの変換を行うのに2種類の方法を提供しています。古い方法は、組み込みモジュールtimeを用いるもので、ひどいエラーが起こる危険性があります。新しい方法は、datetime組み込みモジュールを用いるもので、pytzというコミュニティが作ったパッケージを使って素晴らしい仕事をします。

なぜdatetimeが最良でtimeを避けるべきかを理解するには、timeとdatetimeの両方を完全に知っておくべきです。

timeモジュール

time組み込みモジュールのlocaltime関数は、UNIXタイムスタンプ（UTCによるUNIXエポックからの秒数）をホストコンピュータのタイムゾーン（著者の場合なら太平洋夏時間）に合致するローカル時間に変換します。

```
from time import localtime, strftime

now = 1407694710
local_tuple = localtime(now)
time_format = '%Y-%m-%d %H:%M:%S'
time_str = strftime(time_format, local_tuple)
print(time_str)

>>>
2014-08-10 11:18:30
```

162 | 6章 組み込みモジュール

　反対に、ローカル時間のユーザ入力から始めてUTC時間に変換する必要もよくあります。これを
するには、時間文字列をパースするstrptime関数を使い、mktimeを呼び出してローカル時間をUTC
タイムスタンプに変換します。

```
from time import mktime, strptime

time_tuple = strptime(time_str, time_format)
utc_now = mktime(time_tuple)
print(utc_now)

>>>
1407694710.0
```

　あるタイムゾーンのローカル時間を別のタイムゾーンの時間に変換するにはどうするのでしょう
か。例えば、サンフランシスコ・ニューヨーク間の飛行機に乗って、ニューヨークに到着したときに、
サンフランシスコが何時か調べたいとします。

　time, localtime, strptime関数の戻り値を直接扱ってタイムゾーンの変換をするのはまずい考えで
す。自分で処理するのは、特に、飛行機が発着する国際的な都市を扱う場合には複雑になりすぎます。

　多くのオペレーティングシステムでは、タイムゾーンの変更を自動的に管理するための設定ファイ
ルを持っています。Pythonは、timeモジュールを使ってオペレーティングシステムのタイムゾーン
情報を利用します。例えば、太平洋夏時間のサンフランシスコの出発時間をパースします。

```
parse_format = '%Y-%m-%d %H:%M:%S %Z'
depart_sfo = '2014-05-01 15:45:16 PDT'
time_tuple = strptime(depart_sfo, parse_format)
time_str = strftime(time_format, time_tuple)
print(time_str)

>>>
2014-05-01 15:45:16
```

　PDTがstrptime関数でうまくいくのを見たら、自分のコンピュータでわかっている他のタイム
ゾーンもうまくいくだろうと考えるでしょう。残念ながら、これは間違いです。そうならなくて、
strptimeは、東部夏時間（ニューヨークのタイムゾーン）を見ると例外を起こします。

```
arrival_nyc = '2014-05-01 23:33:24 EDT'
time_tuple = strptime(arrival_nyc, time_format)

>>>
ValueError: unconverted data remains:  EDT
```

　この問題は、timeモジュールが本質的にプラットフォーム依存だということです。実際の振る舞

項目45：ローカルクロックには time ではなく datetime を使う | **163**

いは、元になっているC関数がホストのオペレーティングシステムとどのように働いているかによって決まります[*1]。これが time モジュールの機能を Python で信頼できないものにしています。time モジュールは、複数のローカルタイムに対して適切に働くことができません。従って、この目的には time モジュールを使うべきではありません。time を使わなければならないなら、UTC とホストコンピュータのローカル時間との間の変換にだけ使うべきです。他の変換については、すべて datetime モジュールを使いましょう。

datetime モジュール

Python で時刻を表す第2の選択肢は、組み込みモジュール datetime の datetime クラスです。time モジュールと同様に、datetime は現在時刻を UTC からローカル時間に変換するのに使えます。

現在時刻を UTC で測り、コンピュータのローカル時間（太平洋夏時間）に変換しましょう。

```
from datetime import datetime, timezone

now = datetime(2014, 8, 10, 18, 18, 30)
now_utc = now.replace(tzinfo=timezone.utc)
now_local = now_utc.astimezone()
print(now_local)

>>>
2014-08-10 11:18:30-07:00    *2
```

datetime モジュールではローカル時間を UTC による UNIX タイムスタンプに変換するのも簡単です。

```
time_str = '2014-08-10 11:18:30'
now = datetime.strptime(time_str, time_format)
time_tuple = now.timetuple()
utc_now = mktime(time_tuple)
print(utc_now)

>>>
1407694710.0    *3
```

time モジュールと異なり、datetime モジュールであればローカル時間を別のローカル時間に変換する機能は信頼できます。しかし、datetime は tzinfo クラスと関連メソッドのタイムゾーン演算の仕掛けしか提供していません。欠けているのは、UTC の他のタイムゾーンの定義です。

---

* 1　訳注：例えば、Windowsでは、この前の本書でうまくいっている PDT でも ValueError になる。
* 2　訳注：この値は、タイムゾーンによって変動するから、日本国内なら 03:18:30+09:00 となる。
* 3　訳注：この値も地域によって異なる。日本だと 1407637110.0 となる。

164 | 6章　組み込みモジュール

　幸いなことに、PythonコミュニティがPythonパッケージインデックス（https://pypi.python.org/pypi/pytz/）からダウンロードできるpytzモジュールでその問題を解決しています。pytzは、必要になるすべてのタイムゾーンの完全なデータベースを含んでいます。

　pytzを効率的に使うには、ローカル時間をまずUTCに常に変換することです。必要なdatetime演算（オフセットなど）をUTC値に対して行います。それから、ローカル時間に変換します。

　例えば、次に示すようにNYC便到着時刻をUTC datetimeに変換します。いくつかの呼び出しは冗長に見えるかもしれませんが、pytzを使うときにはすべて必要です。

```
arrival_nyc = '2014-05-01 23:33:24'
nyc_dt_naive = datetime.strptime(arrival_nyc, time_format)
eastern = pytz.timezone('US/Eastern')
nyc_dt = eastern.localize(nyc_dt_naive)
utc_dt = pytz.utc.normalize(nyc_dt.astimezone(pytz.utc))
print(utc_dt)

>>>
2014-05-02 03:33:24+00:00
```

UTC datetimeを得たら、サンフランシスコローカル時間に変換できます。

```
pacific = pytz.timezone('US/Pacific')
sf_dt = pacific.normalize(utc_dt.astimezone(pacific))
print(sf_dt)

>>>
2014-05-01 20:33:24-07:00
```

同じく簡単に、ネパールのローカル時間に変換できます。

```
nepal = pytz.timezone('Asia/Katmandu')
nepal_dt = nepal.normalize(utc_dt.astimezone(nepal))
print(nepal_dt)

>>>
2014-05-02 09:18:24+05:45
```

　datetimeとpytzとで、ホストコンピュータがどんなオペレーティングシステムかにかかわらず、すべての環境で、このような変換が一貫して行えます。

覚えておくこと

- 異なるタイムゾーン間の変換にはtimeモジュールを使わない。
- datetime組み込みモジュールをpytzモジュールと一緒に使い、異なるタイムゾーン間の変換を

変換する。

● 時刻を常にUTCで表し、表示の前の最後の段階でローカル時間に変換する。

項目46：組み込みアルゴリズムとデータ構造を使う

結構な量のデータを扱うPythonプログラムを実装するとき、自分のコードのアルゴリズムの計算量により引き起こされる速度低下を体験することがあるでしょう。これは、プログラミング言語としてのPythonの限界（「項目41 本当の並列性のためにconcurrent.futuresを考える」参照）ではありません。問題は、大抵は、対象課題に最適なアルゴリズムとデータ構造を使っていないことにあります。

幸いなことに、Python標準ライブラリは、使う必要のあるアルゴリズムとデータ構造の多くを組み込んでいます。処理速度の点だけでなく、これらのよく知られたアルゴリズムとデータ構造を使うことによって、仕事が楽になります。使いたいと思う最も価値のあるツールは、正確に実装するのが難しいものです。よく使う機能を再実装しないで済むので、時間と労力が節約できます。

両端キュー（Double-ended Queue）

collectionsモジュールのdequeクラスは、両端キューです。先頭または末尾への要素追加を、定数時間で実行します。これは、先入れ先出し（FIFO）キューに理想的です。

```
fifo = deque()
fifo.append(1)      # 生産者
x = fifo.popleft()  # 消費者
```

組み込み型のlistもキューのような要素を順に並べたシーケンスを含みます。リストの終端に要素を追加したり、終端から削除するのは定数時間です。しかし、リストの先頭に要素を追加したり、先頭から要素を削除するには、線形時間がかかり、dequeの定数時間よりはずっと遅くなります。

順序つき辞書（Ordered Dictionary）

標準辞書には順序がありません。つまり、同じキーと値とがdictで順に調べていくと異なる順番で出てくることがあるということです。この振る舞いは、辞書の高速ハッシュ表を実装する方法の予想外の副産物です。

```
a = {}
a['foo'] = 1
a['bar'] = 2

# ランダムに 'b' に値を追加してハッシュ衝突を起こさせる
while True:
    z = randint(99, 1013)
```

```
        b = {}
        for i in range(z):
            b[i] = i
        b['foo'] = 1
        b['bar'] = 2
        for i in range(z):
            del b[i]
        if str(b) != str(a):
            break

print(a)
print(b)
print('Equal?', a == b)

>>>
{'foo': 1, 'bar': 2}
{'bar': 2, 'foo': 1}
Equal? True
```

collectionsモジュールのOrderedDictクラスは、キーの挿入順を記録する特別な型の辞書です。OrderedDictのキーについて順に反復処理をするときには、振る舞いを予想できます。これは、すべてのコードが決定的になるので、テストとデバッグとを大幅に単純化します。

```
a = OrderedDict()
a['foo'] = 1
a['bar'] = 2

b = OrderedDict()
b['foo'] = 'red'
b['bar'] = 'blue'

for value1, value2 in zip(a.values(), b.values()):
    print(value1, value2)

>>>
1 red
2 blue
```

デフォルト辞書（Default Dictionary）

　辞書は、記録したり統計データを追跡するのに役立ちます。辞書の問題の1つは、どんなキーでもすでに存在しているものとは仮定できないことです。これにより、辞書に蓄えるカウンタを1つ増やすというような簡単なことでも面倒な処理を伴います。

項目46：組み込みアルゴリズムとデータ構造を使う | 167

```
stats = {}
key = 'my_counter'
if key not in stats:
    stats[key] = 0
stats[key] += 1
print(stats)
```

collections モジュールの defaultdict クラスは、キーが存在しないときにデフォルト値を自動的に格納することによって、この処理を単純化します。しなければならないのは、キーが見つからないたびごとにデフォルト値を返す関数を提供することだけです。この例では、組み込み関数 int が0を返します（「項目23 単純なインタフェースにはクラスの代わりに関数を使う」参照）。これで、カウンタを増やすのが簡単になります。

```
stats = defaultdict(int)
stats['my_counter'] += 1
```

ヒープキュー（Heap Queue）

ヒープは、優先度つきキューを保持するのに役立つデータ構造です。heapq モジュールは、heappush, heappop, nsmallest のような関数で、標準 list 型にヒープを作成します。
どのような優先度の要素も好きな順序でヒープに挿入できます。

```
a = []
heappush(a, 5)
heappush(a, 3)
heappush(a, 7)
heappush(a, 4)
```

要素は、常に優先度が最も高いもの（最小数）から削除されます。

```
print(heappop(a), heappop(a), heappop(a), heappop(a))
>>>
3 4 5 7
```

結果の list は、heapq 以外でも使うのが容易です。ヒープの添字0は、常に最小の要素を返します。

```
a = []
heappush(a, 5)
heappush(a, 3)
heappush(a, 7)
heappush(a, 4)
assert a[0] == nsmallest(1, a)[0] == 3
```

list のメソッド sort を呼び出しても、ヒープの不変条件は保たれます。

```
print('Before:', a)
a.sort()
print('After: ', a)

>>>
Before: [3, 4, 7, 5]
After:  [3, 4, 5, 7]
```

これらのheapq演算はどれもリストの長さの対数時間かかります。Pythonの標準のリストで同じ仕事をすると、線形に時間が増加します。

二分法 (Bisection)

listの要素を探すために、indexメソッドを呼び出すと、リストの長さに比例する線形時間がかかります。

```
x = list(range(10**6))
i = x.index(991234)
```

bisect_leftのようなbisectモジュールの関数は、ソートされた要素のシーケンスに対して、効率的な二分探索を提供します。返す添字は、シーケンスでの値の挿入点です。

```
i = bisect_left(x, 991234)
```

二分探索の計算量は、対数時間です。つまり、bisectで百万要素のリスト内を探すのは、14要素のリストをindexを使って線形探索するのと同じ時間で済むということです。ずっと速いのですね。

イテレータツール

組み込みモジュールitertoolsには、イテレータを使って組み立てたり、関わったりするのに役立つ多数の関数が含まれています(背景については、「項目16 リストを返さずにジェネレータを返すことを考える」、「項目17 引数に対してイテレータを使うときには確実さを尊ぶ」を参照)。これらの関数のすべてがPython 2で利用できるわけではありませんが、このモジュール内の簡単なドキュメントを読めばたやすく作ることができます。詳細については、Pythonの対話セッションでhelp(itertools)としてください。

itertoolsの関数は、大きく次の3種類に分けられます。

- イテレータをリンクして使う。
  chain   複数のイテレータを組み合わせて1つのシーケンスを作るイテレータにする。
  cycle   永遠にイテレータの要素を繰り返す。
  tee   1つのイテレータを分割して複数の並列イテレータにする。

項目47：精度が特に重要な場合はdecimalを使う | **169**

> zip_longest　組み込み関数zipの変種で、異なる長さのイテレータについて動作する。

● イテレータで要素をふるい分ける

islice　　　数値の添字を指定して、イテレータの要素をコピーせずスライスする。

takewhile　述語関数がTrueを返す間は、イテレータからの要素を返す。

dropwhile　述語関数が最初にFalseになった後は、イテレータからの要素を返す。

filterfalse 述語関数がFalseであるイテレータの要素を返す。組み込み関数fiterの反対に当たる。

● イテレータで得た要素を組み合わせる。

product　　イテレータの要素の直積を返す。入れ子の深いリスト内包表記の良い代わりとなる。

permutations イテレータの要素の長さNの順列を順に返す。

combination イテレータの要素を反復を除いて、長さNの組み合わせを順序を付けずに返す。

　ここでは触れませんでしたが、itertoolsモジュールには、関数とドキュメントが他にもたくさんあります。手の込んだ反復処理を行う場面では、itertoolsのドキュメントをもう一度見直して、使えるものがないか検討してください。

覚えておくこと

● アルゴリズムやデータ構造について、Pythonの組み込みモジュールを活用する。
● これらの関数を自分で実装しないこと。正しく実装するのは難しい。

項目47：精度が特に重要な場合はdecimalを使う

　Pythonは数値データを扱うのに優れた言語です。Pythonの整数型はほとんどの実用的な大きさの値を表せます。倍精度浮動小数点型は、IEEE 754標準に準拠しています。Python言語は、虚数に対しても標準的な複素数型を提供しています。しかし、これでもすべての状況には十分ではありません。

　例えば、顧客の国際電話料金を計算するとしましょう。顧客が電話していた時間が何分何秒か（例えば、3分42秒）わかっています。米国から南極への通話料金表（$1.45/分）もあります。料金はいくらになるでしょうか。

　浮動小数点算術計算を使って計算した料金は正しそうです。

```
rate = 1.45
seconds = 3*60 + 42
cost = rate * seconds / 60
```

```
print(cost)

>>>
5.364999999999999
```

しかし、セント単位に丸めると、顧客に対して本来必要なコストを回収するために切り上げたいのに、切り下げになってしまいます。

```
print(round(cost, 2))

>>>
5.36
```

電話代がずっと安い距離間で非常に短い電話の場合もサポートしたいとします。5秒間でレートが$0.05/分の場合の料金を計算しましょう。

```
rate = 0.05
seconds = 5
cost = rate * seconds / 60
print(cost)

>>>
0.004166666666666667
```

結果の浮動小数点数はあまりにも小さいので丸めるとゼロになります。これはまずいです。

```
print(round(cost, 2))

>>>
0.0
```

解決法は、組み込みモジュール decimal の Decimal クラスを使うことです。Decimal クラスは、デフォルトで固定小数点28桁の演算を行います。必要なら、さらに精度を上げることもできます。これは、IEEE 754 浮動小数点型数の精度に関する問題を解決できます。Decimal クラスは、丸めに関しても振る舞いを細かく制御できます。

例えば、Decimal で南極への電話料金を再計算すると近似ではなく正確な料金が求められます。

```
rate = Decimal('1.45')
seconds = Decimal('222')  # 3*60 + 42
cost = rate * seconds / Decimal('60')
print(cost)

>>>
5.365
```

項目47：精度が特に重要な場合はdecimalを使う | **171**

Decimalクラスでは、丸めのための組み込み関数があり、望ましい丸め操作を正確に必要な桁数で丸めてくれます。

```
rounded = cost.quantize(Decimal('0.01'), rounding=ROUND_UP)
print(rounded)

>>>
5.37
```

メソッドquantizeをこのように用いることで、安価で短時間のちょっとした電話利用に対しても適切な扱いができます。Decimalでも先ほどの例の料金は、1セントより少ないです。

```
rate = Decimal('0.05')
seconds = Decimal('5')
cost = rate * seconds / Decimal('60')
print(cost)

>>>
0.004166666666666666666666666667
```

しかし、quantizeを使うと1セントに切り上げることが確かにできます。

```
rounded = cost.quantize(Decimal('0.01'), rounding=ROUND_UP)
print(rounded)

>>>
0.01
```

Decimalは、固定小数点数で素晴らしい仕事をしますが、精度については未だ限界があります（例えば、1/3は近似されます）。精度の限界なしに有理数を表すには、組み込みモジュールfractionsのFractionクラスを使うことを検討してください。

覚えておくこと

- Pythonには、実用上あらゆる数値の型を表す、モジュールで提供される組み込みの型やクラスがある。
- Decimalクラスは、金融部門で計算する値のような高い精度で正確な丸め処理を必要とする状況に理想的である。

項目48：コミュニティ作成モジュールをどこで見つけられるかを知っておく

Pythonには、プログラムでインストールして利用するモジュールのためのセントラルリポジトリ（https://pypi.python.org/pypi）があります。ここにあるモジュールは、読者の皆さんのような人々、すなわちPythonコミュニティによって作成され保守されています。よく知らない課題に挑戦している場合、Pythonパッケージインデックス（PyPI）は、目的に近づけるコードを探すための素晴らしい場所です。

パッケージインデックスを使うには、pipという名のコマンドラインツールを使う必要があります。pipは、Python 3.4以降ではデフォルトでインストールされています（python -m pipでアクセスして使うこともできます）。より古いバージョンでは、Pythonパッケージングウェブサイト（https://packaging.python.org/en/latest/）で、pipのインストール方法を確認してください。

インストールしたpipを使って新たなモジュールをインストールするのは簡単です。例えば、次に示すのは、本章の別の項目で使ったpytzモジュール（「項目45　ローカルクロックにはtimeではなくdatetimeを使う」参照）をインストールしたものです。

```
$ pip3 install pytz
Downloading/unpacking pytz
  Downloading pytz-2014.4.tar.bz2 (159kB): 159kB downloaded
  Running setup.py (...) egg_info for package pytz

Installing collected packages: pytz
  Running setup.py install for pytz

Successfully installed pytz
Cleaning up...
```

上の例では、コマンドラインpip3を用いて、パッケージのPython 3版をインストールしました。（3がつかない）コマンドラインpipが、Python 2のためのパッケージをインストールするのに使えます。よく使われる主要なパッケージは、Pythonのどちらのバージョンのも備えています（「項目1　使っているPythonのバージョンを知っておく」参照）。pipでは、pyvenvと一緒に使って、プロジェクトのためにインストールする一連のパッケージの記録管理をすることもできます（「項目53　隔離された複製可能な依存関係のために仮想環境を使う」参照）。

PyPIのモジュールは、どれも自前のソフトウェアライセンスを持っています。ほとんどのパッケージは、特に有名なのは、フリーかオープンソースライセンス（詳細は、http://opensource.org/参照）です。ほとんどの場合、これらのライセンスの下では、プログラムにモジュールのコピーを含むことが許されます（疑いのある場合は、弁護士に相談することです）。

項目48：コミュニティ作成モジュールをどこで見つけられるかを知っておく | **173**

覚えておくこと

- Pythonパッケージインデックス（PyPI）は、Pythonコミュニティで作られ保守されているよく使われるパッケージを豊富に含む。
- pipは、PyPIからのパッケージのインストールに使うコマンドラインツールだ。
- pipは、Python 3.4以降ではデフォルトでインストールされている。古いPythonのバージョンでは、自分でインストールしなければならない。
- PyPIのモジュールの大多数は、フリーかオープンソースのソフトウェアだ。

7章
協働作業（コラボレーション）

Pythonには、明確なインタフェース境界を持ち、きちんと定義したAPIを作るのに役立つ言語機能があります。Pythonコミュニティは、時間を掛けて保守性を最大化できるベストプラクティスを確立してきました。さまざまな環境にまたがった大人数のチームで一緒に作業するのを可能にする標準的なツールもPythonで出されています。

Pythonプログラムで他の人と協働するには、コードの書き方に注意する必要があります。自分だけで作業していたとしても、標準ライブラリやオープンソースパッケージを介して誰かが書いたコードを使っていることが多いでしょう。他のPythonプログラマと協働するのが容易になる仕組みを理解することが必要です。

項目49：すべての関数、クラス、モジュールについてドキュメンテーション文字列を書く

Pythonでのドキュメンテーションは、言語の動的な性質からして非常に重要です。他の多くの言語とは異なり、プログラムのソースコードのドキュメンテーションは、プログラムから実行時に直接アクセスできます。

例えば、def文の直後にドキュメンテーション文字列を記述すると、関数にドキュメンテーションを追加することができます。

```
def palindrome(word):
    """Return True if the given word is a palindrome."""
    return word == word[::-1]
```

関数の特別な属性__doc__にアクセスすることでPythonプログラムそのものの中からドキュメンテーション文字列を取り出せます。

```
print(repr(palindrome.__doc__))

>>>
'Return True if the given word is a palindrome.'
```

ドキュメンテーション文字列は、関数、クラス、モジュールに付与することができます。この関連付けは、Pythonプログラムをコンパイルして実行するプロセスの一部です。ドキュメンテーション文字列と __doc__ 属性をサポートすることによって、次の3つの成果が得られています。

- ドキュメンテーションをアクセスしやすくすると、対話的な開発が容易になる。help組み込み関数を用いてドキュメンテーションを読み、関数、クラス、モジュールを調べることができる。これはPythonの対話的インタプリタ（Python「shell」）やIPython Notebook（http://ipython.org）のようなツールを、アルゴリズムを開発し、APIを試験し、コードのスニペットを書くときに、使って楽しいものにする。
- ドキュメンテーションを定義する標準的な方法は、テキストを（HTMLのような）より魅力的なフォーマットに変換するツールを作りやすくしている。これが、Sphinx（http://sphinxdoc.org）のようなPythonコミュニティのための優れたドキュメンテーション生成ツールにつながっている。さらには、「Read the Docs」（https://readthedocs.org）のような、オープンソースのPythonプロジェクトが美しいドキュメントを公開できるコミュニティサイトを提供していることにもつながっている。
- Pythonの、ファーストクラスで、使いやすく、綺麗なドキュメンテーションは、ドキュメンテーションをもっと書くよう励ましている。Pythonコミュニティは、ドキュメンテーションの重要性を強く信じている。「良いコード」がドキュメンテーションの良いコードを意味していると考えられている。これは、ほとんどのオープンソースPythonライブラリにきちんとしたドキュメンテーションがあるという期待を意味する。

この優れたドキュメンテーション文化に参加するには、ドキュメンテーション文字列を書くときにいくつかのガイドラインに従う必要があります。詳細は、PEP 257（http://www.python.org/dev/peps/pep-0257/）でオンライン議論されています。従うべきベストプラクティスがいくつかあります。

モジュールのドキュメンテーション

モジュールは、トップレベルでドキュメンテーション文字列を記載します。つまり、ソースファイルの最初の文に文字列リテラルで与えます。3連二重引用符（"""）を使います。このドキュメンテーション文字列の目的は、モジュールとその内容の紹介です。

ドキュメンテーション文字列の第1行は、モジュールの目的を述べる1文です。その次の段落は、モジュールの全ユーザがその働きについて知っておくべきことの詳細を含むべきです。モジュールド

項目49：すべての関数、クラス、モジュールについてドキュメンテーション文字列を書く | **177**

キュメンテーション文字列は、モジュールにある重要なクラスや関数を見つける出発点です。

モジュールドキュメンテーション文字列の例は次の通りです。

```
# words.py
#!/usr/bin/env python3
"""Library for testing words for various linguistic patterns.

Testing how words relate to each other can be tricky sometimes!
This module provides easy ways to determine when words you've
found have special properties.

Available functions:
- palindrome: Determine if a word is a palindrome.
- check_anagram: Determine if two words are anagrams.
...
"""

# ...
```

モジュールがコマンドラインユーティリティなら、モジュールドキュメンテーション文字列は、コマンドラインからのツールについての利用情報を記載するのに適しています。

クラスのドキュメンテーション

どのクラスもクラスレベルのドキュメンテーション文字列を記載します。これは、ほぼ、モジュールレベルのドキュメンテーション文字列と同じ形式です。第1行は、クラスの目的という1文です。続く段落は、クラスの演算の重要な詳細を論じます。

クラスの重要なパブリック属性とメソッドをクラスレベルのドキュメンテーション文字列で記載します。保護（プロテクテッド）属性（「項目27 プライベート属性よりはパブリック属性が好ましい」参照）やスーパークラスのメソッドを正しく扱うためのサブクラスに対するガイドも含めましょう。

クラスのドキュメンテーション文字列の例は、次のようになります。

```
class Player(object):
    """Represents a player of the game.

    Subclasses may override the 'tick' method to provide
    custom animations for the player's movement depending
    on their power level, etc.

    Public attributes:
    - power: Unused power-ups (float between 0 and 1).
    - coins: Coins found during the level (integer).
```

```
        """

        # ...
```

関数のドキュメンテーション

パブリック関数とメソッドは、ドキュメンテーション文字列で記載します。モジュールやクラスと同じ形式です。第1行は、関数が何をするかを記述した文です。続く段落は、振る舞いと引数について述べます。戻り値があれば述べます。呼び出し元が関数のインタフェースの一部として扱う例外は説明します。

関数のドキュメンテーション文字列の例を示します。

```
def find_anagrams(word, dictionary):
    """Find all anagrams for a word.

    This function only runs as fast as the test for
    membership in the 'dictionary' container. It will
    be slow if the dictionary is a list and fast if
    it's a set.

    Args:
        word: String of the target word.
        dictionary: Container with all strings that
            are known to be actual words.

    Returns:
        List of anagrams that were found. Empty if
        none were found.
    """
    # ...
```

関数のドキュメンテーション文字列を書く際に知っておくのが重要な次のような注意事項があります。

- 関数が引数を持たず単純な戻り値を返すなら、1文の記述で十分。
- 関数が何も返さないなら、「returns None」と書くよりは戻り値について何も書かないのがよい。
- 関数が通常の演算で例外を起こさないはずなら、それについては何も述べない。
- 関数が可変長引数（「項目18 可変長位置引数を使って、見た目をすっきりさせる」参照）やキーワード引数（「項目19 キーワード引数にオプションの振る舞いを与える」参照）を取るなら、引数リストの中で*argsと**kwargsをその目的とともに述べる。
- 関数がデフォルト値のある引数を取るなら、そのデフォルト値について述べる（「項目20 動的な

デフォルト引数を指定するときにはNoneとドキュメンテーション文字列を使う」参照）べき。
- 関数がジェネレータ（「項目16　リストを返さずにジェネレータを返すことを考える」参照）なら、ドキュメンテーション文字列でジェネレータが何をyieldするか述べるべき。
- 関数がコルーチン（「項目40　多くの関数を並行に実行するにはコルーチンを考える」参照）なら、ドキュメンテーション文字列でコルーチンが何をyieldし、yield式から何を受け取ると期待し、いつイテレーションを止めるかを記述すべき。

モジュールのドキュメンテーション文字列を書いた後では、ドキュメンテーションを最新に保つことが重要だ。組み込みモジュールdoctestは、時間が経ったソースコードとドキュメンテーションとの間に差異が生まれていないか確認するために、ドキュメンテーション文字列に埋め込んだ使用例を実行して、テストするツールだ。

覚えておくこと

- あらゆるモジュール、クラス、関数にドキュメンテーション文字列を使ってドキュメンテーションを書く。コードの変化に追随して、ドキュメンテーションを最新に保つ。
- モジュールについて、モジュールの内容とすべてのユーザが知っておくべき重要なクラスや関数を記載する。
- クラスについて、class文に続くドキュメンテーション文字列に、振る舞い、重要な属性、サブクラスの振る舞いを記載する。
- 関数とメソッドについて、def文に続くドキュメンテーション文字列に、すべての引数、戻り値、引き起こされる例外、その他の振る舞いを記載する。

項目50：モジュールの構成にパッケージを用い、安定なAPIを提供する

　プログラムのコードベースが大きくなったら、その構造を再構成するのは当然のことです。大きな関数を小さな関数に分割します。ヘルパークラスを使って（「項目22　辞書やタプルで記録管理するよりもヘルパークラスを使う」）、データ構造をリファクタリングします。機能を、互いに依存するさまざまなモジュールへと分割します。
　どこかの時点で、モジュールがあまりにも多くなったので、プログラムを理解しやすいようにもう1段の階層が必要だと気付くでしょう。Pythonは、パッケージ（package）を提供しています。パッケージは、他のモジュールを含んだモジュールです。

ほとんどの場合、パッケージは、__init__.pyという名の空ファイルをディレクトリに置くことによって、定義されます。__init__.pyがあれば、そのディレクトリのPythonファイルは、ディレクトリの相対パスを使って、どれでもインポートできます。例えば、プログラムで次のようなディレクトリ構造があると想像しましょう。

```
main.py
mypackage/__init__.py
mypackage/models.py
mypackage/utils.py
```

モジュールutilsをインポートするには、パッケージのディレクトリ名を含む絶対モジュール名を使います。

```
# main.py
from mypackage import utils
```

このパターンは、(mypackage.foo.barのように)他のパッケージの中にあるパッケージディレクトリでも使います。

Python 3.4は、パッケージを定義するのにより柔軟な、**名前空間パッケージ**(namespace package)を導入した。名前空間パッケージは、完全に別々のディレクトリ、ZIPアーカイブ、リモートシステムのモジュールで構成する。名前空間の先進機能をどう使うかの詳細については、PEP 420 (https://www.python.org/dev/peps/pep-0420/)を参照。

パッケージの提供する機能には、Pythonプログラムで2つの主たる目的があります。

名前空間

パッケージ利用の第一は、モジュールを別々の名前空間に分割するのを助けることです。これによって、同じファイル名でも異なる絶対パスを持つ多数のモジュールが作成されます。例えば、同じ名前utils.pyを持つ2つのモジュールから属性をインポートするプログラムは次のようになります。これがうまくいくのは、モジュールが絶対パスでアドレスされるからです。

```
# main.py
from analysis.utils import log_base2_bucket
from frontend.utils import stringify

bucket = stringify(log_base2_bucket(33))
```

この方式は、パッケージで定義される関数、クラス、サブモジュールが同じ名前の時にはうまくい

きません。例えば、analysis.utilsとfrontend.utilsという両方のモジュールから、inspect関数を使うとしましょう。属性を直接インポートすると、2番目のインポート文が、現在のスコープでのinspectの値を上書きするので、うまくいきません。

```
# main2.py
from analysis.utils import inspect
from frontend.utils import inspect  # 上書き！
```

import文でas節を使い、現在のスコープにインポートしたものを改名すれば解決します。

```
# main3.py
from analysis.utils import inspect as analysis_inspect
from frontend.utils import inspect as frontend_inspect

value = 33
if analysis_inspect(value) == frontend_inspect(value):
    print('Inspection equal!')
```

as節は、モジュール全体を含めてimport文で得られたどんなものでも改名に使えます。これによって、名前空間つきのコードへのアクセスが容易になり、それを使うときに何であるかを明確にできます。

インポートした名前の衝突を避けるもう1つの方法は、名前を一番上の一意なモジュール名で常にアクセスすることだ。
例えば、上の例では、最初に、import analysis.utilsとimport frontend.utilsを行う。次に、inspect関数に、analysis.utils.inspectとfrontend.utils.inspectという完全パスでアクセスする。
この方式では、as節をまったく使わないで済む。また、初めて読む人に、どこで関数が定義されているかを十分明確に伝える。

安定なAPI

Pythonでのパッケージ利用の第二は、外部の利用者に対して、厳密で安定したAPIを提供することです。

オープンソースパッケージ（「項目48 コミュニティ作成モジュールをどこで見つけられるかを知っておく」参照）のように広く使われるAPIを書く場合、リリースごとに変化しないような安定した機能を提供したいでしょう。そうするために、内部のコード構成を外部のユーザに対して隠蔽することが重要です。これによって、パッケージの内部モジュールを既存のユーザに迷惑をかけないで、リファクタリングし改善することができるようになります。

Pythonでは、モジュールやパッケージの特別な属性__all__を使うことによって、API利用者

182 | 7章　協働作業（コラボレーション）

に見える表面領域を制限することができます。__all__の値は、そのパブリックAPIの一部として
モジュールからエクスポートされるすべての名前のリストです。利用する側のコードが、from foo
import *を行うと、fooからは、foo.__all__にある属性だけがインポートされます。fooに__all__
が存在しなければ、下線が頭につかない、パブリック属性だけがインポートされます（「項目27　プラ
イベート属性よりはパブリック属性が好ましい」参照）。

　例えば、移動している発射体の衝突を計算するパッケージを提供したいとしましょう。mypackage
のmodelsモジュールに発射体の表現を含むよう定義します。

```
# models.py
__all__ = ['Projectile']

class Projectile(object):
    def __init__(self, mass, velocity):
        self.mass = mass
        self.velocity = velocity
```

mypackageのutilsモジュールでは、両者の衝突のシミュレーションのようなProjectileインスタ
ンスで行う演算を定義します。

```
# utils.py
from . models import Projectile

__all__ = ['simulate_collision']

def _dot_product(a, b):
    # ...

def simulate_collision(a, b):
    # ...
```

　このAPIのすべてのパブリックな部分をmypackageモジュールで利用可能な一組の属性として提
供することにします。これによって、一般のユーザが、mypackage.modelsやmypackage.utilsから
インポートしないでも、mypackageから常に直接インポートできるようになります。これによって、
API利用者のコードが、たとえmypackageの内部構成が（例えば、models.pyが削除など）変わったと
しても問題なく働き続けられるようにします。

　これをPythonパッケージで行うには、mypackageディレクトリにある__init__.pyファイルを修
正する必要があります。このファイルは、実際には、インポートされたときに、mypackageモジュー
ルの内容になります。このようにして、インポートするものを__init__.pyに制限することによって、
mypackageの明示的なAPIを規定することができます。すべての内部モジュールがすでに__all__で
規定されているので、mypackageのパブリックインタフェースを、内部モジュールからすべてをイン

項目50：モジュールの構成にパッケージを用い、安定なAPIを提供する | **183**

ポートして、__all__ をそれに従って更新すれば、提示されます。

```
# __init__.py
__all__ = []
from . models import *
__all__ += models.__all__
from . utils import *
__all__ += utils.__all__
```

内部モジュールにはアクセスしないでmypackageから直接インポートするAPI利用者は次のようにします。

```
# api_consumer.py
from mypackage import *

a = Projectile(1.5, 3)
b = Projectile(4, 1.7)
after_a, after_b = simulate_collision(a, b)
```

注目すべきは、mypackage.utils._dot_productのような内部でだけの関数は、__all__ にないので、mypackageのAPI利用者には使うことができないことです。__all__ から除かれているということは、from mypackage import *文によってインポートされないということを意味します。内部だけの名前は、結果的に隠蔽されています。

明示的で安定したAPIを提供することが重要なとき、これら全体の方式が見事に働きます。しかし、自分のモジュール間で使うAPIを作っているだけなら、__all__ はおそらく不必要で使うのはやめたほうがよいでしょう。プログラマのチームがコントロールしながら妥当なインタフェース境界を保守する大量のコード作成で協働するのには、パッケージによる名前空間で十分なはずです。

---

import *に注意

from x import yのようなインポート文は、yのソースがxパッケージまたはモジュールと明示されているので明確なものになっています。from foo import *のようなワイルドカード文字を使ったインポート文も、対話的なPythonセッションでは役に立ちますが、ワイルドカードを使うとコードを理解するのが難しくなります。

- from foo import *は、コードの新たな読者にソースの名前を隠す。モジュールに複数のimport *文があると、すべての参照されたモジュールをチェックして、どこでその名前が定義されたかを見つけなければならないだろう。

184 | 7章　協働作業（コラボレーション）

- import *文の名前は、それを含むモジュール内で衝突する名前を上書きする。これにより、奇妙なバグが引き起こされる可能性がある。したがって、最も安全な方式は、コードから import *文を除き、from x import y というスタイルで明示的に名前をインポートすることである。

覚えておくこと

- Pythonのパッケージは、他のモジュールを含むモジュールである。パッケージは、一意な絶対モジュール名により、コードを別々の衝突しない名前空間に組織する。
- 単純なパッケージは、__init__.pyファイルを他のソースファイルを含むディレクトリに追加することで定義される。このファイルは、ディレクトリのパッケージの子モジュールとなる。パッケージディレクトリは、他のパッケージを含んでもよい。
- 特別な属性__all__にパブリックな名前をリストすることによって、モジュールの明示的なAPIを提供できる。
- パッケージの__init__.pyファイルにパブリックな名前だけを載せてインポートしたり、先頭に下線の名前を内部だけのメンバーにつけたりすることによって、パッケージの内部実装を隠すことができる。
- 1つのチームまたは1つのコードベースで協働するときには、明示的APIのために__all__を使う必要はおそらくないだろう。

項目51：APIからの呼び出し元を隔離するために、　　　　　ルート例外を定義する

　モジュールのAPIを定義するとき、投げる例外は、定義している関数やクラスのインタフェースの一部です（「項目14 Noneを返すよりは例外を選ぶ」参照）。

　Pythonは、言語と標準ライブラリのために組み込みの例外階層を持っています。エラーの報告に、自分で新たな型を定義するのではなく、組み込みの例外型が使われる傾向があります。例えば、関数に不当な引数が渡されたときにはいつでもValueErrorを起こすことができます。

```
def determine_weight(volume, density):
    if density <= 0:
        raise ValueError('Density must be positive')
    # ...
```

項目51：APIからの呼び出し元を隔離するために、ルート例外を定義する | **185**

　場合によっては、ValueErrorを使うのが適当なこともありますが、APIにとっては、自分用の例外階層を定義する方がずっと強力です。これには、モジュールの中にルート（root）Exceptionを提供します。そして、そのモジュールで起こされた他の例外すべては、そのルート例外を継承するようにします。

```
# my_module.py
class Error(Exception):
    """Base-class for all exceptions raised by this module."""

class InvalidDensityError(Error):
    """There was a problem with a provided density value."""
```

　モジュールにルート例外があると、APIの利用者は、意図的に送出したすべての例外を容易に捕捉できます。例えば、APIの利用者が関数を呼び出す場合、次のようにルート例外をtry/except文で捕捉できます。

```
try:
    weight = my_module.determine_weight(1, -1)
except my_module.Error as e:
    logging.error('Unexpected error: %s', e)
```

　このtry/exceptは、APIの例外が、あまりにも上の方に伝播して呼び出し元のプログラムを壊すことを防ぎます。APIからの呼び出しコードを隔離して保護します。これには、3つの有用な効果があります。

　第一に、ルート例外は、呼び出し元に、APIの利用に関して問題があったことを理解させます。呼び出し元がAPIを適切に使っていたなら、意図的に起こされているさまざまな例外を捕捉するはずです。そのような例外を扱えていないなら、モジュールのルート例外を捕える保護exceptブロックにまで伝播して来ます。このブロックは、例外をAPI利用者に気付かせ、例外型に対して適切な扱いを付加する機会を与えます。

```
try:
    weight = my_module.determine_weight(1, -1)
except my_module.InvalidDensityError:
    weight = 0
except my_module.Error as e:
    logging.error('Bug in the calling code: %s', e)
```

　ルート例外を使う第二の利点は、APIモジュールのコードのバグを簡単に見つけられることです。コードが、モジュール階層の中で定義した例外しか起こさないようにしてあるなら、モジュールで引き起こされたその他の型の例外はすべて、起こすつもりではなかった例外のはずです。それらは、APIのコードのバグです。

さきほどのような try/except 文の使い方は、API モジュールのコードのバグから API 利用者を隔離保護しません。保護するには、呼び出し元が Python の基底 Exception クラスを捉える、もう 1 つの except ブロックを追加する必要があります。これによって、API 利用者は、API モジュールの実装において修正が必要なバグがあると検知することができます。

```
try:
    weight = my_module.determine_weight(1, -1)
    assert False
except my_module.InvalidDensityError:
    weight = 0
except my_module.Error as e:
    logging.error('Bug in the calling code: %s', e)
except Exception as e:
    logging.error('Bug in the API code: %s', e)
    raise
```

ルート例外を使う第三の利点は、API の将来保証です。時間が経つに連れて、API を拡張して、ある状況ではより詳しい例外を提供しようとするかもしれません。例えば、負の密度を与えたというエラー条件を示す Exception サブクラスを追加します。

```
# my_module.py
class NegativeDensityError(InvalidDensityError):
    """A provided density value was negative."""

def determine_weight(volume, density):
    if density < 0:
        raise NegativeDensityError
```

呼び出し元のコードは、すでに InvalidDensityError 例外（NegativeDensityError の親クラス）を捕えるようになっているので、以前と同様に働き続けます。将来、呼び出し元は、新しい型の例外を他の例外と区別して、動作を変更できます。

```
try:
    weight = my_module.determine_weight(1, -1)
    assert False
except my_module.NegativeDensityError as e:
    raise ValueError('Must supply non-negative density') from e
except my_module.InvalidDensityError:
    weight = 0
except my_module.Error as e:
    logging.error('Bug in the calling code: %s', e)
except Exception as e:
    logging.error('Bug in the API code: %s', e)
    raise
```

項目 52：循環依存をどのようにして止めるか知っておく | **187**

APIの将来保証を、より広範囲の例外をルート例外の直下に与えることで、さらに強化できます。例えば、重さ計算に関係したエラー、体積計算に関連したエラー、密度計算に関係したエラーのそれぞれがあったとしましょう。

```python
# my_module.py
class WeightError(Error):
    """Base-class for weight calculation errors."""

class VolumeError(Error):
    """Base-class for volume calculation errors."""

class DensityError(Error):
    """Base-class for density calculation errors."""
```

特定の例外がこれらの一般的例外から継承できます。中間的な例外は、ルート例外であるかのように振る舞います。これは、幅広い機能に基づき、APIコードの呼び出しコードの階層を保護することを容易にします。これは、すべての呼び出し元が、特殊なExceptionサブクラスの長々としたリストを作って例外を捕まえるのよりもずっと優れています。

覚えておくこと

- モジュールのルート例外を定義することで、API利用者がAPIから自分を保護できる。
- ルート例外を捕えることで、APIを消費するコードのバグが見つけやすくなる。
- PythonのException基底クラスを捕まえることで、API実装におけるバグが見つけやすくなる。
- 中間的なルート例外は、API利用者を困らせることなく、将来、より細かな例外型を追加するのを支援する。

項目 52：循環依存をどのようにして止めるか知っておく

他の人と協働していると、不可避的に、モジュール間で相互依存性が見つかるものです。単一のプログラムのさまざまな部分について自分だけで作業しているときにも、相互依存が生じることがあります。

例えば、GUIアプリケーションで、どこに文書を保存するか選ぶためのダイアログボックスを表示したいとしましょう。表示データは、イベントハンドラへの引数で指定できるでしょうが、ユーザの好みなどのグローバルな状態も読み込んで、ボックスを適切に設計表示する必要があります。

ここでは、グローバルな好みからデフォルトの文書保存場所を得るダイアログを定義します。

```python
# dialog.py
import app
```

```
class Dialog(object):
    def __init__(self, save_dir):
        self.save_dir = save_dir
    # ...

save_dialog = Dialog(app.prefs.get('save_dir'))

def show():
    # ...
```

　問題は、prefsオブジェクトを含むappモジュールが、プログラム開始のダイアログを表示するために、dialogクラスをインポートしていることです。

```
# app.py
import dialog

class Prefs(object):
    # ...
    def get(self, name):
        # ...

prefs = Prefs()
dialog.show()
```

　これは、循環依存です。appモジュールをメインプログラムから使おうとすると、インポートで次のような例外が起こります。

```
Traceback (most recent call last):
  File "main.py", line 4, in <module>
    import app
  File "app.py", line 4, in <module>
    import dialog
  File "dialog.py", line 16, in <module>
    save_dialog = Dialog(app.prefs.get('save_dir'))
AttributeError: 'module' object has no attribute 'prefs'
```

　ここで、何が起こっているかを理解するには、Pythonのインポート機構の詳細を知る必要があります。モジュールがインポートされたとき、Pythonが実際に行うことは、深さ順に次のようになります。

1. sys.pathから始めてモジュールの位置を見つける。
2. モジュールからコードをロードして、コンパイルできることを確かめる。
3. 対応する空モジュールオブジェクトを作る。

項目52：循環依存をどのようにして止めるか知っておく | **189**

4. モジュールをsys.moduleに挿入する。
5. モジュールオブジェクトのコードを実行して、内容を定義する。

　循環依存の問題は、属性のためのコードが実行されるまで（ステップ#5の後）モジュールの属性が定義されないことです。しかし、モジュールはsys.moduleに挿入された直後（ステップ#4の後）にimport文でロードされるのです。

　先ほどの例では、appモジュールが一切の定義の前にdialogをインポートします。そして、dialogモジュールがappをインポートします。appはまだ実行が完了しておらず、dialogをインポート中ですから、appモジュールは空のシェル（ステップ#4）のままです。そのためprefsを定義するコードが未だ実行されていない（appのステップ#5は終わっていません）ので、AttributeErrorがdialogのステップ#5の途中で発生します。

　この問題に対する最良の解は、コードをリファクタリングして、prefsのデータ構造が依存関係ツリーの底に来るようにすることです。そうすると、appもdialogもともに同じユーティリティモジュールをインポートできて、循環依存を回避できます。しかし、そのようなスッキリした分割が常に可能とは限りませんし、努力の割に報われないリファクタリングをあまりにも多く必要とするかもしれません。

　循環依存を止めるには他に3つの方法があります。

インポートの順序を変更する

　第一の方式は、インポートの順序を変えることです。例えば、dialogモジュールをappモジュールの下、つまり、prefsの定義が終わった後でインポートすれば、AttributeErrorが解消します。

```
# app.py
class Prefs(object):
    # ...

prefs = Prefs()

import dialog  # 移動した
dialog.show()
```

　これがうまくいくのは、dialogモジュールが後でロードされたとき、その再帰的なappのインポートでapp.prefsがすでに定義されていること（appのステップ#5がほぼ終了）がわかるからです。

　これは、AttributeErrorを回避しますが、PEP 8スタイルガイド（「項目2　PEP 8スタイルガイドに従う」参照）に違反しています。スタイルガイドは、インポートをPythonファイルの先頭に置くよう示唆しています。こうすれば、モジュールの依存関係が、コードの新たな読者にも明確になります。また、依存しているすべてのモジュールが、モジュールのすべてのコードのスコープにあって利用可能なことを保証します。

インポートがファイルの後ろの方にあるということは、扱いにくくて、コードの順番のちょっとした変更で、モジュール全体が駄目になる危険性があります。従って、循環依存の問題を解決するために、インポートの順番を変えるのは避けるべきです。

インポート、構成、実行

循環インポート問題の第二の解法は、インポート時のモジュールの副作用を最小化することです。モジュールでは、関数、クラス、定数の定義だけをします。インポート時には、関数を一切実際に実行しないようにします。そして、他のすべてのモジュールのインポートが終わったら、各モジュールが提供したconfigure関数を実行します。configureの目的は、他のモジュールの属性にアクセスして、各モジュールの状態を準備しておくことにあります。すべてのモジュールがインポートされた（ステップ#5が完了）後でconfigureを実行するので、すべての属性が定義されています。

ここでは、dialogモジュールを再定義して、configureが呼ばれたときに、prefsオブジェクトだけにアクセスするようにします。

```
# dialog.py
import app

class Dialog(object):
    # ...

save_dialog = Dialog()

def show():
    # ...

def configure():
    save_dialog.save_dir = app.prefs.get('save_dir')
```

appモジュールも再定義して、インポートしたときに何も実行しないようにします。

```
# app.py
import dialog

class Prefs(object):
    # ...

prefs = Prefs()

def configure():
    # ...
```

最後に、mainモジュールが、すべてをインポート、すべてをconfigure、最初のアクティビティを

項目52：循環依存をどのようにして止めるか知っておく | **191**

実行するという3段階を実行します。

```
# main.py
import app
import dialog

app.configure()
dialog.configure()

dialog.show()
```

これは、多くの状況でうまく働き、**依存注入**（dependency injection）のようなパターンを可能にします。しかし、時には、明示的なconfigureステップが可能となるようにコードを構造化することが困難なことがあります。2つの異なる段階をモジュールの中に持つのも、オブジェクトの定義をその構成から分離したために、コードを読みにくくします。

動的インポート

第三の、循環インポート問題の最も簡単な解決法は、関数またはメソッドの中でimport文を使うことです。これは、モジュールのインポートが、プログラムが最初に開始してモジュールを初期化しているときではなく、プログラムが実行されているときに起こるので、**動的インポート**（dynamic import）と呼ばれます。

ここでは、dialogモジュールを再定義して動的インポートを使います。dialogモジュールの初期化時にappをインポートするのではなくて、dialog.show関数の実行時にappモジュールをインポートします。

```
# dialog.py
class Dialog(object):
    # ...

save_dialog = Dialog()

def show():
    import app  # 動的インポート
    save_dialog.save_dir = app.prefs.get('save_dir')
    # ...
```

appモジュールは、元々の例にあったのと同じで構いません。dialogを最初にインポートして、dialog.showを最後に呼び出します。

```
# app.py
import dialog
```

```
class Prefs(object):
    # ...

prefs = Prefs()
dialog.show()
```

この方式は、1つ前の「インポート、構成、実行方式」と同様の効果があります。違いは、この方式がモジュールが定義されインポートされる方式に構造上の変更を必要としないことです。単に、循環インポートを他のモジュールにアクセスしなければならない瞬間まで遅らせるだけです。その時点では、他のすべてのモジュールがすでに初期化されていると（ステップ#5がすべてで完了）考えられるでしょう。

一般に、このような動的インポートは避けるべきです。import文のコストは無視できませんし、ループでは特にひどく高価になりかねません。実行遅延によって、動的インポートは、実行時に、プログラムが開始してから随分時間が経ったのに、SyntaxError例外が起こるなどという驚くべき失敗（「項目56 unittestですべてをテストする」参照）を犯す危険もあります。しかし、これらの弱点も、プログラム全体を再構成するという別解よりはましだという場合がしばしばあります。

覚えておくこと

- 循環依存は、2つのモジュールがインポート時に互いに呼び出すときに生じる。これは、プログラムを開始時にクラッシュさせる。
- 循環依存を断ち切る最良の方法は、相互依存をリファクタリングして、依存関係ツリーの底に切り離されたモジュールが来るようにすることである。
- 動的インポートが、リファクタリングと複雑さを最小化して、モジュール間の循環依存を断ち切る最も単純な方式である。

項目53：隔離された複製可能な依存関係のために仮想環境を使う

より大きくてより複雑なプログラムを作るためには、Pythonコミュニティからのさまざまなパッケージに依存するようになることがよくあります（「項目48 コミュニティ作成モジュールをどこで見つけられるかを知っておく」参照）。pytz, numpy, その他多くのパッケージをインストールするために、pipを実行することも多いでしょう。

問題は、デフォルトで、pipがグローバルロケーションで新たなパッケージをインストールすることです。これは、システム上のすべてのPythonプログラムが、これらのインストールしたモジュールによって影響をこうむることです。理論的には、これは問題でないはずです。パッケージをインストールしただけで、importしなければ、どうしてプログラムに影響するのでしょうか。

項目53：隔離された複製可能な依存関係のために仮想環境を使う | **193**

　問題は、推移的依存関係から来ます。インストールしたパッケージに依存しているパッケージです。例えば、pipを使ってインストールした後で、Sphinxパッケージが何に依存しているかがわかります[1]。

```
$ pip3 show Sphinx
---
Name: Sphinx
Version: 1.2.2
Location: /usr/local/lib/python3.4/site-packages
Requires: docutils, Jinja2, Pygments
```

　flaskのような他のパッケージをインストールすれば、それもまた、Jinja2パッケージに依存していることがわかります。

```
$ pip3 show flask
---
Name: Flask
Version: 0.10.1
Location: /usr/local/lib/python3.4/site-packages
Requires: Werkzeug, Jinja2, itsdangerous
```

　Sphinxとflaskが時間が経つに連れて発展すると、問題が生じます。現時点では、おそらくどちらもJinja2の同じバージョンを要求しているため問題ありませんが、6ヶ月か1年経てば、Jinja2が新しいバージョンに移行して、ライブラリのユーザに変更を迫るかもしれません。pip install --upgradeを実行して、Jinja2のバージョンを上げた場合、flaskは問題なく動くのに、Sphinxは動かないということになるかもしれません。

　このような問題の原因は、Pythonがある時点でインストールされたモジュールに1つのバージョンしか持てないことにあります。インストールしたパッケージが最新版を使わなければならないのに、他のパッケージは古いバージョンを使わなければならないとすると、システムが正常に働くのは無理だということです。

　このような障害は、パッケージの保守担当者が最善の努力をして、リリースしたバージョンの間でAPIの互換性を維持していても起こります（「項目50 モジュールの構成にパッケージを用い、安定なAPIを提供する」参照）。ライブラリの新しいバージョンがAPI利用者コードが信頼している振る舞いをちょっと変えることがあります。システムのユーザが、あるパッケージを新しいバージョンに更新したが、他のはそのままにしており、そのため依存関係が壊れることがあります。足元の大地が動いてしまうというリスクが常にあるのです。

　このような困難は、別のコンピュータで作業をしている他の開発者と協働しているとさらに大きくなります。彼らが自分のマシンにインストールしているPythonとそのパッケージのバージョンが、

---

[1]　訳注：最新版は1.3.2。依存しているものも当然ながら、バージョンによって変わる。

自分のとは少々異なるだろうと想定しておくのが妥当です。この状況から、コードベースがあるプログラマのマシンでは完璧に動くのに、他の人のでは動かないということが起こり得るのです。

こういった問題すべてへの解決法が、**仮想環境**（virtual environment）を提供するpyvenvと呼ばれるツールです。Python 3.4以降では、pyvenvコマンドラインツールは、Pythonのインストール時にデフォルトで利用可能となります（`python -m venv`でも使えます）。それより以前のPythonでは、（`pip install virtualenv`で）別途パッケージをインストールして、virtualenvと呼ばれるコマンドラインツールを使う必要があります[*1]。

pyvenvは、隔離されたバージョンのPython環境を作ることを可能にします。pyvenvを使うと、同じシステムで同時期に同じパッケージの異なるバージョンを問題なく保持できます。これを使えば、同じコンピュータで、多数の異なるプロジェクトを行い、多数の異なるツールを使うことができます。

pyvenvは、パッケージの明示した版とその依存関係を完全に別のディレクトリ構造にインストールします。これは、自分のコードが動くとわかっているPython環境を再現することも可能にします。予期しない破綻を避けるための信頼できる方法です。

pyvenv コマンド

pyvenvを効果的に使うための簡単なチュートリアルを行います。このツールを使う前に、システム上でpython3コマンドラインの意味を知っておくのが重要です。著者のコンピュータでは、python3は、`/usr/local/bin`ディレクトリに配置され、バージョン3.4.2です（「項目1　使っているPythonのバージョンを知っておく」参照）。

```
$ which python3
/usr/local/bin/python3
$ python3 --version
Python 3.4.2
```

環境がどうセットアップされているか確認するために、例えば次のように、pytzモジュールをインポートするコマンドを実行してもエラーが起きないかどうか確認できます。これがうまくいくのは、すでにpytzモジュールがグローバルモジュールとしてインストールされているからです。

```
$ python3 -c 'import pytz'   *2
$
```

pyvenvを使って、myprojectという新たな仮想環境を作成しましょう。仮想環境は独自のディレクトリで働きます。コマンドを実行すると、ディレクトリ構造とファイルが作成されます。

[*1]　訳注：ここに書いてあることを「そのままでは」Windows/Ubuntuでは使えない。Windowsについてはコマンド/使い方が違う。http://docs.python.jp/3.4/library/venv.html の「28.3.1. 仮想環境の作成」参照。Ubuntuについては、https://gist.github.com/denilsonsa/21e50a357f2d4920091e を参照。

[*2]　訳注：Windows環境では、二重引用符を使うので`python3 -c "import pytz"`

項目53：隔離された複製可能な依存関係のために仮想環境を使う | **195**

```
$ pyvenv /tmp/myproject
$ cd /tmp/myproject
$ ls
bin      include    lib      pyvenv.cfg
```

仮想環境を使うために、sourceコマンドでbin/activateシェルスクリプトを使います。activate
は、すべての環境変数を仮想環境に合致するように修正します。さらに、コマンドラインプロンプト
を仮想環境名（'myproject'）を含めるように変更して、自分が何をしているかをはっきりさせてくれ
ます。

```
$ source bin/activate    *1
(myproject)$
```

この処理の後は、見てわかるように、python3コマンドラインツールが仮想環境ディレクトリに移
動しています。

```
(myproject)$ which python3
/tmp/myproject/bin/python3
(myproject)$ ls -l /tmp/myproject/bin/python3
... -> /tmp/myproject/bin/python3.4
(myproject)$ ls -l /tmp/myproject/bin/python3.4
... -> /usr/local/bin/python3.4
```

これは、外部のシステムへの変更が仮想環境に及ばないことを保証します。外部システムがデフォ
ルトのpython3をバージョン3.5に更新しても、仮想環境はバージョン3.4と明示された状態を保ち
ます。

pyvenvで作成した仮想環境は、pipとsetuptoolsを除いては、何のパッケージもインストールさ
れていないところから始まります。外側のシステムでグローバルモジュールとしてインストールされ
ていたpytzを使おうとすると、仮想環境では知られていないので失敗します。

```
(myproject)$ python3 -c 'import pytz'
Traceback (most recent call last):
File "<string>", line 1, in <module>
ImportError: No module named 'pytz'
```

pipを使って、pytzモジュールを仮想環境にインストールできます。

```
(myproject)$ pip3 install pytz
```

インストールしたら、同じインポートコマンドのテストで動くかどうか検証できます。

＊1　訳注：Windows環境では、scripts\activate.batを実行する。

196 | 7章　協働作業（コラボレーション）

```
(myproject)$ python3 -c 'import pytz'
(myproject)$
```

仮想環境を作ってから、デフォルトのシステムに戻りたければ、deactivateコマンドを用います。これは、python3コマンドラインツールの場所を含めて、環境をシステムのデフォルトに戻します。

```
(myproject)$ deactivate
$ which python3
/usr/local/bin/python3
```

myproject環境に再び戻って作業したければ、前と同じくmyprojectディレクトリでsource bin/activateを実行すればよいのです。

依存関係を複製する

仮想環境ができあがれば、必要に応じてpipを使ってパッケージをインストールしていけます。実際、環境をどこかにコピーしておきたいこともあるでしょう。例えば、開発環境をプロダクションサーバに複製したいとか、誰かの環境を自分のマシンにクローンして、そのコードを実行したいなどです。

pyvenvはそういった状況をたやすく作ることができます。pip freezeコマンドを使って、明示的なパッケージ依存関係すべてをファイルに保存できます。慣例として、ファイルにはrequirements.txtという名前を使います。

```
(myproject)$ pip3 freeze > requirements.txt
(myproject)$ cat requirements.txt
numpy==1.8.2
pytz==2014.4
requests==2.3.0
```

myprojectに相当する別の仮想環境を作っておきたいとしましょう。以前と同じくpyvenvを使って新たなディレクトリを作り、それをactivateできます。

```
$ pyvenv /tmp/otherproject
$ cd /tmp/otherproject
$ source bin/activate
(otherproject)$
```

この新環境にはパッケージはまだインストールされていません。

```
(otherproject)$ pip3 list
pip (1.5.6)
setuptools (2.1)
```

項目53：隔離された複製可能な依存関係のために仮想環境を使う | **197**

`pip freeze`コマンドで生成した`requirements.txt`に、`pip install`を実行して、最初の環境にあったすべてのパッケージをインストールすることができます。

```
(otherproject)$ pip3 install -r /tmp/myproject/requirements.txt
```

このコマンドにより、最初の環境を複製するのに必要なパッケージがすべて取り出されて順にインストールされます。これができたら、この第二の環境でインストールされたパッケージをリストすれば、最初の仮想環境と同じ依存関係のリストが得られます。

```
(otherproject)$ pip list
numpy (1.8.2)
pip (1.5.6)
pytz (2014.4)
requests (2.3.0)
setuptools (2.1)
```

`requirements.txt`ファイルを使うことは、バージョン管理システムを用いて他の人と協働するのに理想的です。コードの変更をコミットすると同時に、パッケージ依存関係のリストを更新して、作業の同期を取って進めることができます。

仮想環境で理解しないといけないのは、仮想環境自体の場所を移動すると`python3`のようなすべてのパスが環境のインストールディレクトリの中にハードコーディングされているので、何もかもが壊れてしまうということです。しかし、それは大したことではありません。仮想環境のそもそもの目的は、同じセットアップを複製するのを容易にすることでした。仮想環境ディレクトリを動かす代わりに、古いのを`freeze`して、新しいのをどこかに作り、`requirements.txt`ファイルですべてを再インストールすればよいだけなのですから。

覚えておくこと

- 仮想環境は、`pip`を使って、同じマシンに同じパッケージの異なるバージョンを問題を起こさずにインストールすることを可能にする。
- 仮想環境は、`pyvenv`で作られ、`source bin/activate`で利用可能になり、`deactivate`で停止する。
- `pip freeze`で、環境のすべての要件を`requirements.txt`にまとめることができる。`requirements.txt`ファイルを使い`pip install -r`で、環境を複製することができる。
- 3.4版以前のPythonでは、`pyvenv`ツールは別途ダウンロードしてインストールしなければならない。コマンドラインツールは、`pyvenv`ではなく`virtualenv`と呼ばれる。

8章
本番運用準備

Pythonプログラムを使えるようにするには、開発環境から本番環境に移さねばなりません。このようにまったく異なった構成をサポートするのは、挑戦的なことです。複数の状況でもプログラムを信頼できるようにすることは、正しい機能を持つプログラムを作ることと同じほど重要なことです。

目標は、Pythonプログラムをプロダクションできる状態に（productionize）して、実際に使われているときには、絶対壊れないようにすることです。Pythonには、プログラムの強化を助ける組み込みモジュールがあります。デバッグ、最適化、テストといった機能を提供して、実行時のプログラムの品質と性能を最大化します。

項目54：本番環境を構成するのにモジュールスコープのコードを考える

本番（deployment）環境とは、プログラムが実際に実行される構成です。どのプログラムも少なくとも1つの本番環境、プロダクション環境を持っています。プログラムを書く目的は、まずは、プロダクション環境で動作させて、何らかの成果を達成することです。

プログラムを書いたり修正したりするには、まず開発に使っているコンピュータ上で実行できる必要があります。**開発**（development）環境の構成は、プロダクション環境と大いに異なることがあります。例えば、Linuxワークステーションでスーパーコンピュータのプログラムを書いているかもしれません。

pyvenvのようなツール（「項目53　隔離された複製可能な依存関係のために仮想環境を使う」参照）は、すべての環境で同じPythonパッケージをインストールしていることを確かめるのを容易にしています。問題は、プロダクション環境は、開発環境では複製することが難しい多数の外部環境設定を必要とすることが多いということです。

例えば、プログラムをウェブサーバコンテナで実行しようとして、プログラムにデータベースへのアクセスを与えたいとします。これは、プログラムのコードを修正したいと思うたびに、サーバコン

テナを実行し、データベースを正しくセットアップして、プログラムにはアクセス用のパスワードが必要だということを意味します。やろうとしているのが、プログラムを1行変更したのだが正しく実行されるかどうか確かめたいだけだとしたら、これは非常にコストのかかることです。

このような問題を回避する最良の方法は、開始時点でプログラムの一部をオーバーライドして、本番環境に応じて異なる機能を提供することです。例えば、1つはプロダクション用、1つは開発用に、2つの異なる __main__ ファイルを持つことです。

```python
# dev_main.py
TESTING = True
import db_connection
db = db_connection.Database()
```

```python
# prod_main.py
TESTING = False
import db_connection
db = db_connection.Database()
```

この2つのファイルの唯一の相違は、定数TESTINGの値です。プログラムの他のモジュールは、__main__ モジュールをインポートして、TESTINGの値を使ってその属性をどう定義するか決められます。

```python
# db_connection.py
import __main__

class TestingDatabase(object):
    # ...

class RealDatabase(object):
    # ...

if __main__.TESTING:
    Database = TestingDatabase
else:
    Database = RealDatabase
```

ここで注目すべき重要な振る舞いは、（関数やメソッドの内側ではない）モジュールスコープを実行されるコードは、ただの普通のPythonコードだということです。モジュールレベルでif文を用いて、モジュールが名前をどう定義するか決められるのです。これによって、モジュールをさまざまな本番環境に合わせることが容易になります。必要がなければ、コストのかかるデータベース構成についての環境設定を複製するなどを回避することができます。対話的な開発やテストを容易にする（間に合わせの）モックを注入することも可能です（「項目56 unittestですべてをテストする」参照）。

本番環境が複雑になってきたら、（TESTINGのような）Python定数から、専用の設定ファイルへの移行を考えるべきだ。組み込みモジュールのconfigparserのようなツールがコードから独立のプロダクション構成の保守を助けてくれて、それがオペレーションチームと協働する上で重要になる。

この方式は、外部環境設定をうまく回避してくれるだけではありません。例えば、プログラムがホストのプラットフォームに応じて異なる働きをしないといけない場合、モジュールの最上位の要素を定義する前に、sysモジュールでそれを調べることができます。

```
# db_connection.py
import sys

class Win32Database(object):
    # ...

class PosixDatabase(object):
    # ...

if sys.platform.startswith('win32'):
    Database = Win32Database
else:
    Database = PosixDatabase
```

同様に、os.environから得られる環境変数を使って、モジュール定義を導くこともできます。

覚えておくこと

- プログラムは、それぞれ独自の環境設定や構成を持つ複数の本番環境で実行しないといけないことがよくある。
- モジュールスコープの普通のPythonの文を使って、異なる本番環境にモジュールの内容を合わせることができる。
- モジュールの内容は、sysやosモジュールで調べたホスト情報を含めた外部条件の積になり得る。

項目55：出力のデバッグには、repr文字列を使う

Pythonプログラムのデバッグ時には、print関数（または、logging組み込みモジュールによる出力）が驚くほどたくさんのことをしてくれます。Pythonの内部情報は、普通の属性で簡単にアクセスできることが多いものです（「項目27　プライベート属性よりはパブリック属性が好ましい」参照）。後は、実行時にプログラムの状態がどのように変わったかをprintして、どこでおかしくなったのか

202 | 8章　本番運用準備

を確認するだけです。

　print関数は、与えられたものが何であれ、人間が読める文字列を出力します。例えば、基本的な文字列をprintすると、前後の引用符を外して印刷します。

```
print('foo bar')
>>>
foo bar
```

　これは、`'%s'`フォーマット文字列と%演算子を使った場合と等価です。

```
print('%s' % 'foo bar')
>>>
foo bar
```

　問題は、ある値の、人間に読みやすい文字列が、値の実際の型が何かを明示しないことです。例えば、printのデフォルトの出力では、数値型の5と文字列の`'5'`とを区別できません。

```
print(5)
print('5')

>>>
5
5
```

　プログラムをprintでデバッグしているなら、この型の差異は重要です。デバッグ中に欲しいのは、オブジェクトのreprを見ることです。組み込み関数reprは、オブジェクトの印刷可能な表現を返すので、その最も明確に理解可能な文字列表現であるはずです。組み込み型に対しては、reprで返される文字列は、正当なPython式です。

```
a = '\x07'
print(repr(a))

>>>
'\x07'
```

　reprの値を組み込み関数evalに渡せば（もちろん、実際にevalを使うときには特別に注意しなければなりません）、初めのPythonオブジェクトと同じものになるはずです。

```
b = eval(repr(a))
assert a == b
```

　printでデバッグするとき、型の違いがはっきりするように、印刷する前に値をreprしておくべきです。

項目55：出力のデバッグには、repr文字列を使う | **203**

```
print(repr(5))
print(repr('5'))

>>>
5
'5'
```

これは、'%r' フォーマット文字列と%演算子を使った場合と等価です。

```
print('%r' % 5)
print('%r' % '5')

>>>
5
'5'
```

　動的なPythonオブジェクトでは、デフォルトの人間が読める文字列の値は、repr値と同じです。これは、printに動的なオブジェクトを渡すときちんと仕事をしてくれて、明示的にreprを呼び出す必要がないことを意味します。残念ながら、objectインスタンスのreprのデフォルト値は、それほど役に立ちません。例えば、単純なクラスを定義して、その値を印刷すると次のようになります。

```
class OpaqueClass(object):
    def __init__(self, x, y):
        self.x = x
        self.y = y

obj = OpaqueClass(1, 2)
print(obj)

>>>
<__main__.OpaqueClass object at 0x107880ba8>
```

　この出力は、eval関数に渡せませんし、オブジェクトのインスタンスフィールドについては何も述べていません。

　この問題には2つの解があります。クラスを修正できるのであれば、自分で特別メソッド__repr__を定義して、オブジェクトを複製するPython式を含んだ文字列を返すのです。上のクラスに対してその関数は次のように定義できます。

```
class BetterClass(object):
    def __init__(self, x, y):
        self.x = 1
        self.y = 2
    def __repr__(self):
        return 'BetterClass(%d, %d)' % (self.x, self.y)
```

今度は、repr値はずっと役に立ちます。

```
obj = BetterClass(1, 2)
print(obj)

>>>
BetterClass(1, 2)
```

クラス定義を修正できない場合には、`__dict__`属性に格納されているオブジェクトのインスタンス辞書にアクセスすることができます。OpaqueClassインスタンスの内容は次のように印刷できます。

```
obj = OpaqueClass(4, 5)
print(obj.__dict__)

>>>
{'y': 5, 'x': 4}
```

覚えておくこと

- 組み込みPython型に`print`を呼び出すと、人間が読める値の文字列が生成されるが、型情報は隠蔽される。
- 組み込みPython型に`repr`を呼び出すと、値の印刷可能な文字列が生成される。この`repr`文字列は、組み込み関数`eval`に渡すと元の値に戻すことができる。
- フォーマット文字列の`%s`は`str`関数のように、人間が読める文字列を生成する。フォーマット文字列の`%r`は`repr`関数のように、印刷可能文字列を生成する。
- クラスの印刷可能表現をカスタマイズするために、`__repr__`メソッドを定義して、より詳細なデバッグ情報を与えることができる。
- どのオブジェクトでもその`__dict__`属性にアクセスして内部を見ることができる。

項目56：unittestですべてをテストする

Pythonには静的型チェックがありません。コンパイラには、実行したときにプログラムがちゃんと働くことを保証するものが何もありません。Pythonでは、プログラムが呼び出す関数が実行時に定義されているかどうかを、たとえ、ソースコードから定義の存在が確かであっても、知ることができません。この動的振る舞いは祝福であると同時に呪いです。

大多数のPythonプログラマは、結果として得られる簡潔性と単純さとからくる生産性の利得のために、これは価値があると言います。しかし、ほとんどの人が、Pythonについて、実行時にプログラムがくだらないエラーに出くわした恐ろしい話を少なくとも1つは耳にしているでしょう。

項目56：unittestですべてをテストする **205**

　私が聞いた最悪の例は、プロダクション状態で、動的インポートの副作用としてSyntaxErrorが起こった（「項目52　循環依存をどのようにして止めるか知っておく」参照）時のことです。私も知っている、この驚くべき出来事に見舞われたプログラマは、その後Pythonの使用を禁止しました。

　しかしながら、なぜ、プログラムがプロダクションに使われる前に、コードがテストされなかったのか、不思議でなりません。型安全はすべてではありません。どのような言語で書かれているにせよ、コードは常にテストすべきです。しかし、Pythonと他の多くの言語の間には大きな違いがあって、それは、Pythonプログラムについて何らかの確信を得るにはテストを書くしかないということを認めざるを得ません。安全だと感じさせる静的型チェックという覆いはありません。

　幸いにも、Pythonで静的型チェックを妨げているその同じ動的機能がコードに対するテストを書くのを非常にやさしくしてくれています。Pythonの動的性質とたやすくオーバーライドできる振る舞いを使って、テストを実装してプログラムが期待通り働くことを確認することができます。

　テストをコードに対する保険と考えるべきです。良いテストは、コードが正しいという確信を与えます。コードをリファクタリングしたり、拡張したときには、テストが振る舞いがどう変わったかを示してくれます。直感に反するように思われるかもしれませんが、よいテストがあることで、Pythonコードの修正は、難しくならずに、やさしくなるのです。

　テストを書く最も単純な方法は、組み込みモジュールunittestを使うことです。例えばutils.pyで定義された、次のようなユーティリティ関数があるとしましょう。

```
# utils.py
def to_str(data):
    if isinstance(data, str):
        return data
    elif isinstance(data, bytes):
        return data.decode('utf-8')
    else:
        raise TypeError('Must supply str or bytes, '
                        'found: %r' % data)
```

　テストを定義するために、期待する各振る舞いのテストを含んだtest_utils.pyまたはutils_test.pyという名の第2のファイルを作ります。

```
# utils_test.py
from unittest import TestCase, main
from utils import to_str

class UtilsTestCase(TestCase):
    def test_to_str_bytes(self):
        self.assertEqual('hello', to_str(b'hello'))

    def test_to_str_str(self):
        self.assertEqual('hello', to_str('hello'))
```

```
        def test_to_str_bad(self):
            self.assertRaises(TypeError, to_str, object())

if __name__ == '__main__':
    main()
```

テストは、TestCaseクラスに構成されます。各テストは、testという語で始まるメソッドです。テストメソッドが何のException（assert文のAssertionErrorも含めて）も起こさないで走ったら、テストは成功したと考えられます。

TestCaseクラスは、テストでの確認のためのヘルパー関数を提供しますが、それらは、等価性を検証するassertEqual、論理式を検証するassertTrue、適切に例外が起こされたことを検証するassertRaisesなど（他はhelp(TestCase)を参照）です。TestCaseのサブクラスで、専用のヘルパーメソッドを定義して、テストをもっと読みやすくすることができます。メソッド名がtestという語で始まらないように確認しておきましょう。

テストを書くときによく使われるもう1つのやり方は、モック関数やクラスを作って、ある種の振る舞いに代用することだ。この目的のために、Python 3では、unittest.mockモジュールを提供しており、Python 2では、オープンソースパッケージとして利用できる。

時には、TestCaseクラスでテストメソッドを実行する前に、テスト環境をセットアップしなければならないことがあります。これをするために、setUpとtearDownメソッドをオーバーライドできます。この2つのメソッドは、各テストメソッドの前後で呼び出され、各テストが隔離されて（適切なテストのためには重要なこと）実行されることを検証できます。例えば、各テストの前に一時的なディレクトリを作成して、テストが終了後はその内容を削除するTestCaseを次のように定義できます。

```
class MyTest(TestCase):
    def setUp(self):
        self.test_dir = TemporaryDirectory()
    def tearDown(self):
        self.test_dir.cleanup()
    # テストメソッドが続く
    # ...
```

私は通常、関係するテスト集合ごとに1つのTestCaseを定義します。時には、多くのテストケースがある関数ごとに1つのTestCaseということもあります。TestCaseが単一モジュールのすべての関数を処理することもあります。1つのクラスとそのすべてのメソッドをテストするTestCaseを作ることもあります。

プログラムが複雑になると、コードを隔離してテストするのではなく、モジュール間の相互作用を

検証する追加のテストが欲しくなるでしょう。これが、ユニットテストと統合テストとの違いです。Pythonでは、どちらのテストを書くことも重要で、その理由もまったく変わりません。モジュールが実際に一緒に動くかどうか、確かめるまでは何の保証もないのです。

プロジェクトにもよるが、データ駆動テストや関係する機能の異なるスイートにテストを構成するのも有用だ。こういう目的のために、コードカバレッジ報告、他の先進的なユースケースとして、nose (http://nose.readthedocs.org/en/latest/) やpytest (http://pytest.org/) というオープンソースパッケージが特に役立つ。

覚えておくこと

- Pythonプログラムで確信が持てる唯一の方法は、テストを書くことだ。
- unittest組み込みモジュールは、よいテストを書くために必要なほとんどの機能を提供する。
- TestCaseのサブクラスでテストを定義できて、テストしたい振る舞いごとにメソッドを定義できる。TestCaseのクラスでのテストメソッドは、testという語で始まらなければならない。
- （隔離された機能の）ユニットテストと（相互作用するモジュールの）統合テストと両方を書くことが重要だ。

項目57：pdbで対話的にデバッグすることを考える

だれでも、プログラム開発の途中では、コードにバグがあるものです。print関数を使って、多くの問題の原因を突き止めることができます（「項目55　出力のデバッグには、repr文字列を使う」参照）。問題を起こしている特別な場合のためにテストを書くことは、問題を特定するもう1つの重大な方法です（「項目56　unittestですべてをテストする」参照）。

しかし、こういったツールでもすべての問題の原因を見つけるのには十分ではありません。もっと強力なものが必要になったときは、Pythonの組み込み**対話的デバッガ**（interactive debugger）を試す時です。このデバッガでは、プログラムの状態を調べ、ローカル変数を印刷し、Pythonプログラムのステップ実行ができます。

他のほとんどのプログラミング言語では、停めてデバッガを使いたいソースファイルの行を指定して、プログラムを実行します。対照的に、Pythonでデバッガを使う最も容易な方法は、プログラムを修正して、調べるに足る問題があると考えられるところの直前でデバッガを直接開始することです。Pythonプログラムをデバッガで実行するのと、普通に実行するのとでは何の違いもありません。

デバッガを始めるためにしなければならないのは、pdb組み込みモジュールをインポートして、そのset_trace関数を実行するだけでよいのです。これが1行に書かれているのをよく見かけるでしょ

うから、プログラマは、#文字1つでコメントに変えることができます。

```
def complex_func(a, b, c):
    # ...
    import pdb; pdb.set_trace()
    a *= 2
```

この文が実行されるやいなや、プログラムは実行を一時停止します。プログラムを開始した端末は、対話的Pythonシェルに変わります[*1]。

```
-> complex_func()
(Pdb)
```

(Pdb)プロンプトの後で、ローカル変数の名前を入力すると、その値が表示されます。組み込み関数localsを呼び出せば、すべてのローカル変数のリストが見られます。モジュールをインポートし、グローバルな状態を調べ、新たにオブジェクトを作り、組み込み関数helpを実行し、さらには、プログラム自体を修正することすら、何であれ、デバッグに役立つ必要なことすべてを行うことができます。さらに、デバッガには、実行されているプログラムを調べるのを容易にする次の3つのコマンドがあります。

- bt　現在の実行呼び出しスタックのトレースバックを印刷する。これは、プログラムのどこに今いて、どのようにしてpdb.set_traceという起点に達したかを知らせる。
- up　スコープを関数呼び出しスタックから現在の関数の呼び出し元に移す。これによって、呼び出しスタックの高位のローカル変数を調べることができる。
- down　スコープを関数呼び出しスタックの1段下に移す。

現在の状態を調べ終えたら、デバッガコマンドを使って、プログラム実行を適切に制御した上で再開することができます。

- step　プログラムを次の行まで実行し、制御をデバッガに戻す。次の行の実行が関数呼び出しを含むと、デバッガは、呼ばれた関数の内部で一時停止する。
- next　プログラムを現在の関数の次の行まで実行し、制御をデバッガに戻す。次の行の実行が関数呼び出しを含むと、デバッガは、呼ばれた関数から復帰するまで一時停止しない。
- return　プログラムを現在の関数から復帰するまで実行する。そして、制御をデバッガに戻す。
- continue　プログラムを次のブレークポイント（またはpdb.set_traceが再度呼ばれる）まで実行し続ける。

[*1]　訳注：(Pdb)プロンプトが出る前の情報は、プラットフォームごとに違うかもしれない。訳者の環境では、関数名と行数が表示されて、(Pdb)プロンプトになる。

項目58：最適化の前にプロファイル | **209**

覚えておくこと

- Pythonの対話的デバッガを`import pdb; pdb.set_trace()`という文をプログラムに書くことで、興味のある場所で直接開始できる。
- Pythonデバッガプロンプトは、完全なPythonシェルで、実行プログラムの状態を調べて変更できる。
- pdbシェルコマンドは、プログラムの実行を適切に制御し、調査中のプログラム状態と進行中のプログラム実行との間を互いに切り替えることができる。

項目58：最適化の前にプロファイル

Pythonの動的性質は、実行時の性能に関して驚くべき振る舞いを引き起こすことがあります。遅いはずだと想定した演算が実際には非常に速いことがあります（文字操作、ジェネレータなど）。速いと想定した言語機能が実際には非常に遅いことがあります（属性アクセス、関数呼び出しなど）。Pythonプログラムで遅くなった真の原因を把握することは難しいのです。

最良の方策は、直観を無視して、プログラムを最適化する前に、その性能を直接測ることです。Pythonは、組み込みの**プロファイラ**（profiler）を提供していて、プログラムのどの部分が性能に影響しているか確認できます。これによって、最適化の努力を問題が最も大きい部分に集中し、速度に影響がない部分を無視することができます。

例えば、なぜ、このプログラムのアルゴリズムが遅いのか突き止めたいとしましょう。挿入ソートを使ってデータのリストをソートする関数を定義します。

```
def insertion_sort(data):
    result = []
    for value in data:
        insert_value(result, value)
    return result
```

挿入ソートでコアとなる機構はデータの各々について挿入点を見つける関数です。入力配列を線形走査する、関数`insert_value`の非常に効率の悪い版を次のように定義します。

```
def insert_value(array, value):
    for i, existing in enumerate(array):
        if existing > value:
            array.insert(i, value)
            return
    array.append(value)
```

`insertion_sort`と`insert_value`のプロファイルを取るために、乱数のデータを作り、プロファイ

ラに渡すtest関数を定義します。

```
from random import randint

max_size = 10**4
data = [randint(0, max_size) for _ in range(max_size)]
test = lambda: insertion_sort(data)
```

　Pythonは、2つの組み込みプロファイラを提供します。1つはPythonのみで書かれたモジュール（profile）で、もう1つはC拡張モジュール（cProfile）です。cProfile組み込みモジュールの方が、プロファイルを取っているときに、プログラムの性能への影響が最小なので、適しています。純PythonのprofileモジュールだとオーバーヘッドがMきくて、結果に歪みが出ます。

Pythonプログラムのプロファイルを取るとき、測定しているのがコードそのもので、外部システムではないことを確認すること。ネットワークやディスク上の資源にアクセスする関数に気をつけること。それらは、その基盤システムそれ自体の遅さによって、プログラムの実行時間に大きな影響を及ぼす。プログラムがそれらの遅い資源の遅延をカバーするためにキャッシュを使っているなら、プロファイルを取る前に、十分にウォームアップしてキャッシュの状態が大丈夫なことを確かめること。

　cProfileモジュールからProfileオブジェクトをインスタンス化して、runcallメソッドを使ってテスト関数を実行します。

```
from cProfile import Profile

profiler = Profile()
profiler.runcall(test)
```

　テスト関数の実行が終わったら、pstats組み込みモジュールとそのStatsクラスを使って性能についての統計情報を取り出せます。Statsオブジェクトのさまざまなメソッドがプロファイル情報から必要なものだけを表示するよう何をどのように選択してソートするか調整するのを支援します。

```
stats = Stats(profiler)
stats.strip_dirs()
stats.sort_stats('cumulative')
stats.print_stats()
```

　この出力は、関数ごとの情報の表です。データサンプルは、プロファイラが先ほどのruncallメソッドの中でアクティブになっている間に収集されたものです。

```
>>>
         20003 function calls in 1.812 seconds
```

```
Ordered by: cumulative time

ncalls tottime percall cumtime percall filename:lineno(function)
     1   0.000   0.000   1.812   1.812 main.py:34(<lambda>)
     1   0.003   0.003   1.812   1.812 main.py:10(insertion_sort)
 10000   1.797   0.000   1.810   0.000 main.py:20(insert_value)
  9992   0.013   0.000   0.013   0.000 {method 'insert' of 'list' objects}
     8   0.000   0.000   0.000   0.000 {method 'append' of 'list' objects}
     1   0.000   0.000   0.000   0.000 {method 'disable' of '_lsprof.Profiler' objects}
```

プロファイラの統計カラムの意味について簡単に解説しましょう。

- ncalls プロファイル期間に関数が呼ばれた回数。
- tottime 他の関数呼び出しに費やした時間を除いた関数実行に費やした秒数。
- tottime percall 他の関数呼び出しに費やした時間を除いた、関数が1回あたり呼び出されて実行に要した平均秒数。tottimeをncallsで割ったもの。
- cumtime それが呼び出している関数の実行に費やした時間も含めた関数実行に要した累積秒数。
- cumtime percall 呼び出している関数の実行に費やした時間も含めた関数が1回あたりに呼び出されて実行に要した平均秒数。

上のプロファイラの統計表を見れば、テストでCPUの最大消費がinsert_value関数で費やした累積時間だとわかります。この関数をモジュールbisectを使って(「項目46 組み込みアルゴリズムとデータ構造を使う」参照)再定義します。

```
from bisect import bisect_left

def insert_value(array, value):
    i = bisect_left(array, value)
    array.insert(i, value)
```

プロファイラを再度実行して新しいプロファイラ統計の表を生成します。新しい関数はずっと速くて、累積時間は以前のinsert_value関数の2%にまで小さくなっています。

```
>>>
        30003 function calls in 0.028 seconds

Ordered by: cumulative time

ncalls tottime percall cumtime percall filename:lineno(function)
     1   0.000   0.000   0.028   0.028 main.py:34(<lambda>)
     1   0.002   0.002   0.028   0.028 main.py:10(insertion_sort)
```

```
10000    0.005    0.000    0.026    0.000 main.py:112(insert_value)
10000    0.014    0.000    0.014    0.000 {method 'insert' of 'list' objects}
10000    0.007    0.000    0.007    0.000 {built-in method bisect_left}
    1    0.000    0.000    0.000    0.000 {method 'disable' of '_lsprof.Profiler' objects}
```

　場合によると、全体のプログラムのプロファイルを取っているときに、実行時間の大半の責任を共通のユーティリティ関数が負っていることがわかることがあります。プロファイラのデフォルトの出力では、ユーティリティ関数がプログラムの多くの異なった部分からどのように呼ばれているかを示さないので、この状況の理解が難しいのです。

　例えば、my_utility関数がプログラム中の2つの異なる関数から繰り返し呼ばれている場合を示します。

```python
def my_utility(a, b):
    # ...

def first_func():
    for _ in range(1000):
        my_utility(4, 5)

def second_func():
    for _ in range(10):
        my_utility(1, 3)

def my_program():
    for _ in range(20):
        first_func()
        second_func()
```

　このコードのプロファイルを取り、デフォルトのprint_stats出力を使って出力した統計はよくわかりません。

```
>>>
        20242 function calls in 0.208 seconds

   Ordered by: cumulative time

   ncalls tottime percall cumtime percall filename:lineno(function)
        1   0.000   0.000   0.208   0.208 main.py:176(my_program)
       20   0.005   0.000   0.206   0.010 main.py:168(first_func)
    20200   0.203   0.000   0.203   0.000 main.py:161(my_utility)
       20   0.000   0.000   0.002   0.000 main.py:172(second_func)
        1   0.000   0.000   0.000   0.000 {method 'disable' of '_lsprof.Profiler' objects}
```

my_utility関数が明らかに実行時間の大半を占めますが、なぜこの関数がそれほど呼ばれているのかがすぐには明らかになりません。プログラムのコードを探せば、my_utilityに複数の呼び出し元のあることがわかりますが、それでもまだはっきりしないでしょう。

こういうことを処理するために、Pythonプロファイラは、各関数のプロファイル情報に、どの呼び出し元が貢献しているかを表示する方法を提供しています。

```
stats.print_callers()
```

今度のプロファイラ統計表では、呼ばれた関数が左に、呼び出しの責任を持つ側が右に示されます。これで、my_utilityがfirst_funcでほとんど使われていることが明らかになります。

```
>>>
   Ordered by: cumulative time

Function                     was called by...
                                 ncalls  tottime  cumtime
main.py:176(my_program)      <-
main.py:168(first_func)      <-    20    0.005    0.206  main.py:176(my_program)
main.py:161(my_utility)      <- 20000    0.202    0.202  main.py:168(first_func)
                                  200    0.002    0.002  main.py:172(second_func)
main.py:172(second_func)     <-    20    0.000    0.002  main.py:176(my_program)
```

覚えておくこと

- 速度低下の原因がよくわかっていないことがしばしばあるので、最適化の前にPythonプログラムのプロファイルを取ることが重要だ。
- より正確なプロファイル情報が得られるので、profileモジュールではなくcProfileモジュールを使う。
- Profileオブジェクトのruncallメソッドは、プロファイル情報に追加で、関数呼び出し元を出力する。
- Statsオブジェクトは、プログラムの性能を理解するために知る必要のあるプロファイル情報の部分集合を選び出して印刷する。

項目59：メモリの使用とリークを理解するにはtracemallocを使う

Pythonのデフォルト実装CPythonのメモリ管理は参照カウント法を使っています。これは、オブジェクトへのすべての参照が無効になったら直ちに参照されたオブジェクトもクリアされることを保

214 | 8章　本番運用準備

証します。CPythonには、組み込みのサイクル検知器があって、自己参照オブジェクトも最終的に
ガーベジコレクションされるようになっています。

　理論上、これはPythonプログラマがプログラムでメモリを割り当てたり削除したりして悩む心配
がないことを意味します。言語とCPythonランタイムによって自動的に面倒が見られているという
わけです。しかし、実際には、プログラムは参照が残っているためにメモリを食いつぶしてしまうわ
けです。Pythonプログラムのどこがメモリを使っているのかメモリリークしているのかを見つける
ことは、挑戦的課題だと知られています。

　メモリ利用デバッグの最初の方法は、組み込みモジュールgcに、現在ガーベジコレクタが把握し
ているすべてのオブジェクトをリストさせることです。これは理想のツールではありませんが、この
方法で、どこでプログラムのメモリが使われているか、概要が掴めます。

　参照を保持しているためにメモリが浪費されるプログラムを実行しましょう。実行の途中でどれだ
け多くのオブジェクトが作られたか、割り当てられたオブジェクトのちょっとしたサンプルを印刷し
ます。

```
# using_gc.py
import gc
found_objects = gc.get_objects()
print('%d objects before' % len(found_objects))

import waste_memory
x = waste_memory.run()
found_objects = gc.get_objects()
print('%d objects after' % len(found_objects))
for obj in found_objects[:3]:
    print(repr(obj)[:100])

>>>
4756 objects before
14873 objects after
<waste_memory.MyObject object at 0x1063f6940>
<waste_memory.MyObject object at 0x1063f6978>
<waste_memory.MyObject object at 0x1063f69b0>
```

　gc.get_objectsの問題は、オブジェクトがどのようにして割り付けられたのかを何も教えないこ
とです。複雑なプログラムでは特定のクラスのオブジェクトが多くの異なる方法で割り付けられま
す。オブジェクトの総数は、メモリをリークしているオブジェクトを割りつけた責任のあるコードを
見つけることに比べれば重要ではありません。

　Python 3.4では、この問題を扱うために新しくtracemalloc組み込みモジュールを導入していま
す。tracemallocは、オブジェクトがどこで割り付けられたか関連付けできます。tracemallocを使っ
て、プログラムでのメモリ利用反則者の上位3オブジェクトを印刷しましょう。

項目59：メモリの使用とリークを理解するにはtracemallocを使う | **215**

```python
import tracemalloc
tracemalloc.start(10)  # 10スタックフレームまで保存する

time1 = tracemalloc.take_snapshot()
import waste_memory
x = waste_memory.run()
time2 = tracemalloc.take_snapshot()

stats = time2.compare_to(time1, 'lineno')
for stat in stats[:3]:
    print(stat)

>>>
waste_memory.py:6: size=2235 KiB (+2235 KiB), count=29981 (+29981), average=76 B
waste_memory.py:7: size=869 KiB (+869 KiB), count=10000 (+10000), average=89 B
waste_memory.py:12: size=547 KiB (+547 KiB), count=10000 (+10000), average=56 B
```

　どのオブジェクトがプログラムのメモリ利用で支配的か、ソースコードのどこで割り付けられているかが直ちに明らかになります。

　tracemallocモジュールは、各割付の完全なスタックトレースも（startメソッドに渡されたフレーム数まで）出力できます。プログラムで最大のメモリ利用元のスタックトレースは次のようになります。

```python
# with_trace.py
# ...
stats = time2.compare_to(time1, 'traceback')
top = stats[0]
print('\n'.join(top.traceback.format()))

>>>
File "waste_memory.py", line 6
self.x = os.urandom(100)
File "waste_memory.py", line 12
obj = MyObject()
File "waste_memory.py", line 19
deep_values.append(get_data())
File "with_trace.py", line 10
  x = waste_memory.run()
```

　このようなスタックトレースは、共通関数のどの利用がプログラムのメモリ消費に責を負うべきか見分けるために非常に価値があります。

　残念ながら、Python 2にはtracemalloc組み込みモジュールがありません。Python 2では（heapyのような）メモリ利用を追跡するオープンソースパッケージがありますが、それらはtracemallocの全機能を置き換えるものではありません。

覚えておくこと

- Pythonプログラムがどのようにメモリを使い、メモリリークしているのかを理解するのは困難なことがある。
- gcモジュールにより、どのオブジェクトが存在するか把握できるが、どのようにして割り付けられたかについては、何の情報も与えない。
- tracemalloc組み込みモジュールは、メモリの使用元を明らかにする。
- tracemallocは、Python 3.4以降でしか使えない。

訳者あとがき

　最初に、本訳書の底本について述べておきます。2015年11月発行の第3刷（3rd printing）が底本です。それ以前の初刷、2刷とは、示されている例題や本文に45箇所ほどの修正が入っています。2刷以前の原書をお持ちの方は、本訳書との違いがあることに注意してください。なお、第2章項目21など、第3刷で修正が漏れた部分が若干あります。本訳書では修正済みで、訳注に記載してありますが、原書でも4刷以降では修正されるはずです。

　第二に、想定読者をかなり広く、初心者、場合によっては、Pythonが初めてという方も考えて、訳注などを付けてあります。熟練者の方には、今更とうるさく感じられるかと思いますが、そこは飛ばしていただければ良いかと思います。

　第三に、同じく訳注でWikipedia参照も細かく書いています。出典を明らかにするとともに、初心者の方の勉強に役立つかと思ってのことです。

　さて、訳者のPythonとの出会いは、Allen Downeyの翻訳に関わった2012年の『Think Stats－プログラマのための統計入門』からでした。それがその後、同じ著者による2014年の『Think Bayes－プログラマのためのベイズ統計入門』さらに、2015年の『Think Stats－プログラマのための統計入門 第2版』と続いたというわけです。

　当初は、どれどれ、という程度でしたが、翻訳時に例題のコードをダウンロードして、手元のコンピュータで本当に動くか、動いた結果が本に載っているのと同じかということを確かめていき、結構使いやすくもあり、実は、動かないというバグを発見したりして、Pythonが使いやすいということをデータサイエンス分野で実感しました。今回の翻訳を二つ返事で引き受けたのには、そういう背景があります。

　本書でPythonを初心者として改めて学び直し、項目46では、いきなりhelp(itertools)としてはエラーになるなどという初心者らしい間違いを重ねながら、コンピューティングの環境が大型計算機、ミニコン、パソコン、スマートフォン、タブレットと変化してきて、プログラミングへの取り組みも、プログラミング言語も変化してきたことを身をもって感じました。

　私が社会に出て最初に取り組んだのはLispという言語で、1970年当時は画期的だった大型計算

機をパソコンのように使うタイムシェアリングシステム（TSS）で使うことができたのです。Lispは、Pythonと同じくインタプリタで動いていて、構文はPythonよりずっと簡単ですが、遅くてメモリを食うという課題を抱えたまま、結局は人工知能分野を中心に細々と使われる状態になっていきました。

　その後、C、Prolog、Pascal、Java、C#、ECMAScriptというような言語に取り組んできましたが、Pythonの細かい働きを今回の翻訳で改めて勉強し、map関数やevalなど、Lisp時代からの関数に再会して、懐かしく感じました。それと同時に、プログラミングが単なる計算効率の時代から、チームとして、あるいはエコシステムとしての効率を求める時代に入っていることを改めて実感しました。

　この『Effective Python』は、著者のBrett Slatkinさんの方針で、第7章と第8章を中心に、エコシステム効率性を強く打ち出しているところに感銘を受けました。それはまた、1970年代には存在しなかったインターネットのおかげで、コンピューティングを支えるコミュニティがしっかりと存在しているということだと思います。プログラム例にしても、genericということが念頭に置かれています。一般的（general）ではなくて、原型としてさまざまな応用を産み出せるということです。

　そして、Pythonのようにインタプリタ主体のシステムが、インストールしやすいからマルチプラットフォームにすることが易しく、コミュニティが多様な人々や活動を支えることができるということ。Macだけでなく、Ubuntu、Chrome、WindowsといったマシンでPythonが使えることはすごいことだと感じています。

　本書は、「Effective Software Development」シリーズ全体がそうですが、どこからでも、どこでも読み進めることができます。自分の都合に合わせればいいので、まえがきの「本書の内容」や各章の冒頭の紹介、あるいは、索引を見て、必要な部分から読み進めればいいのです。各項目間で相互に参照があるので、必要な項目を拾い読みしていけば全体として分かるようにもなっています。もちろん、前から順に読んでいっても十分に楽しめます。

　訳者としてお奨めしたいことと、注意してほしい点をまとめると次のようになります。

1. Pythonのシステム、プラットフォームの相違を理解しておくこと

「項目1　使っているPythonのバージョンを知っておく」でも強調されていますが、Pythonの版の違いは、微妙なところで効いてきます。3.5.0と3.4.0でも違いがあります。さらに、パッケージの版の違い、プラットフォームの違いが実行に関わってきます。

2. コード例を活用すること

まえがきにあるように、本書のコードは全部ではないですが、ほとんどGitHubにあります。これらのサンプルコードは、本書の内容を確認し、書かれている内容を理解するのに本当に役立ちます。訳者は主としてIPython Notebookを使って細かいところを確認しました。結果として、原書の誤植を見つけて、日本語版まえがきにもあるようにSlatkinさんから感謝されました。

3. ドキュメントを調べること

これも「Effective Software Development」シリーズ全体に言えることですが、トピックを限られた紙面で解説しているので、舌足らずになりますし、関数一つ取ってみても全体を説明できません。Python はドキュメントがしっかりしていますから、ここで書かれていることを実施する前に、ドキュメントをチェックしておいたほうがいいでしょう。場合によれば、アルゴリズムや基礎的な Python の本に立ち返って見なおすことも重要でしょう。ついでに参考文献もつけておきました。

　この本の読み方としては読書会などもいいのではないかと感じました。お互いに新たな発見を伴うこともあるでしょう。この翻訳だって、私一人でできたわけではありません。勉強もプログラミングも一人でもできるが、仲間とともにやるのは楽しいものです。

謝辞

いつものように、索引の英文交合も含めて出版までさまざまなとりまとめをしてくださった赤池涼子さんと訳者の問い合わせに細かく答えてくれて、日本語版のまえがきを書いてくれた原著者のBrett Slatkinに感謝します。訳者の色々な相談に答えたり、原稿を読んでいただいた、鈴木駿さん（@CardinalXaro）、黒川洋さん、技術監修を引き受けてくれたpython.jpドメインの管理人、石本敦夫さんにも感謝しています。しかし、翻訳書の責任は訳者にあります。家族には、いつものことだが、世話になりっぱなしで、いくら感謝しても足りませんがこの機会に妻容子に改めてありがとうと言わせてください。

2016年　黒川利明

参考文献

Pythonについて

- Guido van Rossum、鴨澤眞夫訳、Pythonチュートリアル 第2版、オライリー・ジャパン、2010
- Mark Lutz、夏目大訳、初めてのPython 第3版、オライリー・ジャパン、2009
- Allen B. Downey、Think Python, O'Reilly, 2012

ここまでは入門書。すでにお持ちかもしれない。もう一度見直せば頭によく入る。

- 石本敦夫、Python文法詳解、オライリー・ジャパン、2014

文法を含めて、再度見直す時に役立つ定番書。

- Mark Summerfield、斎藤康毅訳、実践Python 3、オライリー・ジャパン、2015
- David Beazley, Brian K. Jones 、Python Cookbook, 3rd Edition、O'Reilly、2013

どちらも上級者向け、本書と重なる部分もあるけれど、もっと勉強する人に役立つはず。なお『Python Cookbook』は邦訳も存在するが原書第2版の抄訳であるため注意すること。

- Kurt W. Smith、長尾高弘訳、Cython－Cとの融合によるPythonの高速化、オライリー・ジャパン、2015

ユーティリティ周りの本は、これから充実してくると思う。

- Allen Downey、黒川利明訳、Think Bayes－プログラマのためのベイズ統計入門、オライリー・ジャパン、2014
- Allen Downey、黒川利明・黒川洋訳、Think Stats－プログラマのための統計入門 第2版、オ

ライリー・ジャパン、2015

こういう Python を使った応用分野の本もこれからもっと増えるだろう。

アルゴリズムについて

- George T. Heineman, Gary Pollice, Stanley Selkow、黒川利明・黒川洋訳、アルゴリズムクイックリファレンス、オライリー・ジャパン、2010
- Narasimha Karumanchi、黒川利明・木下哲也訳、入門 データ構造とアルゴリズム、オライリー・ジャパン、2013

アルゴリズムについての本は、Knuth の名著『The Art of Computer Programming』（日本語版は KADOKAWA から）を始めとしてたくさんあるので、ここは自分の知っている（関わった）ものだけを挙げている。

アルゴリズムクイックリファレンスは、実際の実行結果が載っていて、データ構造とアルゴリズムの違いが数値的にどうなのかをきちんと述べているのが他書と比べていいところだ。

索引

数字・記号

1行の式 (single-line expression) 8-10
%r 203
%s 202
**kwargs 52-53
*args
　　オプションのキーワード引数......................47
　　可変長位置引数 42-44
*演算子...43-44
*記号 52

A

__all__特殊属性
　　使用を避ける 183
　　パブリックAPIのリスト.....................181-183
ALL_CAPS (すべて大文字) フォーマット............3
API (application programming interfaces)
　　安定なAPIを提供するパッケージ.....181-184
　　関数を使う 61-64
　　サブクラスのアクセス 80-82
　　将来保証..186-187
　　内部API...80-82
　　ルート例外 184-186
append メソッド...35-37
as ターゲット..153-154
as 節 181
assertEqual ヘルパーメソッド 206
assertRaises ヘルパーメソッド 206

assertTrue ヘルパーメソッド 206
asyncio 組み込みモジュール 125
AttributeError 例外...............................102-103

B

bisect モジュール...168
bt コマンド 208
bytes インスタンス...5-7

C

C拡張モジュール 145-148
__call__ 特殊メソッド 63-64
callable 組み込み関数......................................63
CapitalizedWord (先頭大文字) フォーマット 3
chain 関数...168
__class__ 値...108-112
__class__ 変数..73
class 文..106-107
@classmethod
　　プライベート属性へのアクセス 78-79
　　ポリモルフィズム...................................67-69
collections モジュール
　　defaultdict クラス 167
　　deque クラス 165
　　OrderedDict クラス 165-166
collections.abc モジュール 84-86
combination 関数 169
communicate メソッド

timeout引数..121
子プロセスの出力を読む...................118-119
concurrent.futures組み込みモジュール....145-148
configparser組み込みモジュール 201
contextlib組み込みモジュール 151-154
contextmanagerデコレータ
asターゲット 153-154
目的 152
continueコマンド 208
copyreg組み込みモジュール
pickleの振る舞いを制御 157
安定なインポートパス....................159-160
欠けている属性値の追加....................157-158
クラスのバージョン管理....................158-159
countメソッド......................................85-86
cProfileモジュール 210-213
CPU (central processing unit)
子プロセスによる消費 117-121
スレッドによるCPU時間の空費 131-132
ボトルネック 145-148
CPythonインタプリタ 122-123
CPythonランタイム...214
cumtime per callカラム 211
cumtimeカラム 211
cycle関数..168

D

datetime組み込みモジュール 163-165
deactivateコマンド...196
Decimalクラス
数値データ 171
精度 169-171
defaultdictクラス 167
dequeクラス 165
__dict__属性 204
ドキュメンテーション文字列............175-176
doctest組み込みモジュール 179
docstring........ドキュメンテーション文字列を参照
__double_leading_underscore (2下線先頭) フォー
マット 3
downコマンド 208
dropwhile関数 169

E

elseブロック
for/whileループの後 23-25
例外処理..26-27
end添字...10-13
__enter__メソッド 152
enumerate組み込み関数...........................20-21
environ辞書 (os.environ)...............................201
eval組み込み関数...203
__exit__メソッド 152

F

FIFO (先入れ先出し) キュー 165
filter組み込み関数 15-16
filterfalse関数 169
finallyブロック 26-27
forループ
elseブロック 23-25
イテレータプロトコル...............40-42
Fractionクラス 171
functools組み込みモジュール 149-151

G

gc組み込みモジュール 214-215
__get__メソッド 95-100
__getattr__特殊メソッド 100-103
__getattribute__特殊メソッド 100-105
アクセスされるたびに呼ばれる 102
属性アクセス...............................104-105
ディスクリプタプロトコル 98-100
__getitem__特殊メソッド
カスタム実装...............................84-86
シーケンスのスライス 10
GIL (グローバルインタプリタロック)
定義 122
データ構造の破壊..128
同時に1スレッドしか進行できないように
する.................................122-125, 145-148

H

hasattr 組み込み関数 103
hashlib 組み込みモジュール 120
heappop 関数 167-168
heappush 関数 167-168
heapq モジュール 167-168
help 関数
　　対話的デバッガ 208
　　デコレータの問題 151

I

I/O (input/output)
　　子プロセス 117-121
　　ブロッキング I/O 124-125
IEEE 754 169-170
if/else 文 9-10
import 文
　　動的インポート 191-192
　　パッケージを使った 181
import * 文
　　安定な API を提供 182-183
　　使用を避ける 183-184
index メソッド 85-86
__init__.py
　　修正 182
　　パッケージの定義 180
__init__ メソッド
　　親クラスの初期化 69-71
　　単一のコンストラクタメソッド 67, 69
IOError 例外 26-27
IronPython ランタイム 1, 2
isinstance
　　bytes/str/unicode 5-6
　　pickle モジュール 156
　　コルーチン 142
　　テスト 205
　　動的型インスペクション 74-75
　　メタクラス 114
islice 関数 169
__iter__ メソッド
　　イテラブルコンテナクラス 41-42
　　ジェネレータ 41-42

iter 組み込み関数 41-42
itertools 組み込みモジュール 168-169
izip_longest 関数 23

J

join メソッド 132-136
Jython ランタイム 1, 2

L

lambda 式
　　key フック 61
　　イテレータの生成 40
　　プロファイル 210-211
　　リスト内包表記との違い 15-16
_leading_underscore (下線先頭) フォーマット 3
__len__ 特殊メソッド 85
len 組み込み関数 85
list 型 83-84
list 組み込み型 165
locals 組み込み関数 150, 208
localtime 関数 161
Lock クラス
　　with 文 151-152
　　データ競合を防ぐ 126-129
lowercase_underscore (小文字と下線) フォーマット 3

M

map 組み込み関数 15-16
Meta.__new__ メソッド
　　クラス属性の設定定 114
　　メタクラス 106
__metaclass__ 属性 106-107
mix-in クラス
　　階層を作るユーティリティ 77-78
　　単純な機能から構成する 74-75
　　定義 73-74
　　プラグイン可能な振る舞い 75-76
mktime 162, 164
__module__ 属性 106, 151
MRO (メソッド解決順序) 71-73

multiprocessing 組み込みモジュール 145-148
mutex（相互排他ロック）
　　GIL 122
　　Lock クラス 126-129
　　with 文 151-152

N

__name__ 属性........................149, 151
　　クラス登録 109-110
　　テスト 206
namedtuple 型
　　クラスの定義 58
　　限界 59
NameError 例外...................................33
ncalls カラム......................................211
__new__ メソッド 106-108
__next__ 特殊メソッド 40
next 組み込み関数 40, 42
next コマンド 208
None
　　関数戻り値 29-31
　　動的なデフォルト値 47-50
nonlocal 文..................................34-35
nsmallest 関数..........................167-168

O

OrderedDict クラス 165-166
OverflowError 例外...............................50

P

pdb 組み込みモジュール.............207-209
pdb.set_trace() 文.................207-208
PEP 8 (Python Enhancement Proposal #8) スタイルガイド
permutations 関数 169
picklc 組み込みモジュール
　　安定なインポートパス 159-160
　　オブジェクトのシリアライズ／デシリアライズ 155-157
　　欠けている属性値の追加.........157-158
　　クラスのバージョン管理.........158-159

pip freeze コマンド 196
pip コマンドラインツール
　　環境の複製 196-197
　　推移的依存関係 193
　　パッケージインデックス 172
Popen コンストラクタ 118
print_stats 出力...............................212
print 関数..............................201-203, 208
ProcessPoolExecutor クラス 146-148
product 関数 169
profile モジュール 210
@property メソッド
　　新たな振る舞い........................91-94
　　再利用のためのディスクリプタ 95-100
　　数値属性をその場での計算に変える......91-95
　　使いすぎによる問題........................95
　　データモデルの改善 95
　　特別な振る舞い 88-89
　　予期しない副作用......................90-91
@property.setter メソッド 91
pstats 組み込みモジュール..................210
Pylint ツール 3
PyPI (Python パッケージインデックス) ...172-173
PyPy ランタイム 1, 2
Python...1-2
Python 2...2
　　str インスタンスと unicode インスタンス 5-7
　　zip 組み込み関数 22
　　キーワード専用引数...............52-53
　　コルーチン 143-144
　　変更可能なクロージャ変数 35
　　メタクラスの構文...................106-107
Python 3...2
　　str インスタンスと bytes インスタンス......5-7
　　キーワード専用引数...............50-52
　　クラスデコレータ 111
　　クロージャと nonlocal 文 34-35
　　メタクラスの構文......................106
Python スレッド ....スレッドを参照
Python パッケージインデックス (PyPI) ...172-173
pytz モジュール
　　pyvenv ツール 194
　　インストール....................................172

タイムゾーンの変換 164
pyvenv コマンドラインツール
　　仮想環境 194–196
　　環境の複製 196–197
　　目的 194

Q

quantize メソッド 171
Queue クラス
　　join メソッド 132–136
　　スレッド間の協調作業 129–136
　　パイプライン 132–136
　　バッファサイズ 132–136
　　並行性 132–136

R

range 組み込み関数 20
Read the Docs コミュニティサイト 176
__repr__ 特殊メソッド 203–204
repr 関数 201–204
repr 文字列 201–204
requirements.txt ファイル 196
return コマンド 208
return 文
　　Python 2 のサポート 144
　　ジェネレータ 140
runcall メソッド 210–213

S

select 組み込みモジュール 121, 124
__set__ メソッド 95–100
set_trace 関数 207–208
__setattr__ 特殊メソッド 100–105
setattr 組み込み関数
　　クラス属性を注釈 113
　　スレッドの良くない相互作用 127–128
　　遅延属性 101–102, 104
__setitem__ 特殊メソッド 10
setter 属性 88–89
setuptools 195
six ツール 2

source bin/activate コマンド 196
start 添字 10–13
Stats オブジェクト 210–213
step コマンド 208
StopIteration 例外 39, 40
str インスタンス 5–7
stride 構文 13
strptime 関数 162
subprocess 組み込みモジュール 117–121
super 組み込み関数 71–73
super() 関数 101
SyntaxError 例外 192
sys モジュール 201

T

takewhile 関数 169
task_done メソッド 134
tee 関数 168
Test メソッド 206–207
TestCase クラス 206–207
threading 組み込みモジュール 128
ThreadPoolExecutor クラス 146–148
time 組み込みモジュール 161
　　限界 162–163
timeout 引数 121
tottime per call カラム 211
tottime カラム 211
tracemalloc 組み込みモジュール 213–216
try/except 文 185
try/except/else/finally ブロック 27–28
try/finally ブロック
　　with 文 152–153
　　例外処理 26–27
TypeError 例外
　　イテレータの拒絶 41
　　キーワード専用引数 52–53
tzinfo クラス 163–164

U

unicode インスタンス 5–7
unittest 組み込みモジュール 204–207
unittest.mock 組み込みモジュール 206

UNIX タイムスタンプ 163
up コマンド 208
UTC（協定世界時）................................161–165

V

ValueError 例外 30–31, 184
--version フラグ 1–2
virtualenv コマンドラインツール 194

W

WeakKeyDictionary クラス 99
weakref モジュール 113
while ループ 23–25
with 文
 as ターゲット 153–154
 再利用可能な try/finally ブロック 152–153
 相互排他ロック 151–152
wraps ヘルパー関数 151

Y

yield 式
 contextlib.. 154
 コルーチン 136–138
 ジェネレータ関数 36
yield from 式.. 144

Z

ZeroDivisionError 例外............................30–31, 50
zip_longest 関数 22–23, 169
zip 組み込み関数
 イテレータを並列に処理.........................21–23
 異なる長さのイテレータ 169

あ行

値（value）
 イテレータからの値 40–42
 妥当性検証 90
 タプル...57

安定なインポートパス（stable import path）
159–160
依存（dependency）
 循環 187–192
 推移的... 193
 複製 196–197
依存注入（dependency injection） 191
位置引数（positional argument）
 キーワード引数 44–47
 クラスの構成 57
 見た目をすっきりさせる 42–44
イテレータ（iterator）
 zip 関数の処理 21–23
 関数引数 38
 ジェネレータを返す 36–37
イテレータプロトコル（iterator protocol） 40–42
印刷可能表現（printable representation）
201–204
インスタンス属性辞書（instance attribute
 dictionary） 105
インポートの順序変更（import reordering）
189–190
インポートパス（import path） 159–160
驚き最小の原則（rule of least surprise）........87, 91
オブジェクト（object） 100–105
 シリアライズ .... シリアライズを参照
 デシリアライズ .... デシリアライズを参照
オプションの引数（optional argument）
 位置引数 42–44
 キーワード 47
親クラス（parent class）
 初期化 71–73
 プライベート属性へのアクセス 79–81
親クラスの初期化（initializing parent class）
 __init__ メソッド 69–71
 super 組み込み関数......................71–73
 メソッド解決順序（MRO） 71

か行

ガーベジコレクション（garbage collection） 99
開発環境（development environment） 199–201
仮想環境（virtual environment）
 pyvenv ツール 194–196

複製 196-197
可変長位置引数 (positional argument)
　キーワード引数 47
　見た目をすっきりさせる 42-44
関心の分離 (separation of concerns) 143
関数 (function)
　イテレータを使う 38-42
　キーワード専用引数 50-54
　キーワード引数 44-47
　クロージャが変数スコープとどう関わるか
　　.....................................31-35
　コルーチン 136-138
　省略可能な位置引数 42-44
　単純なインタフェース 61-64
　デコレータ 149-151
　ドキュメンテーション文字列...........178-179
　ファーストクラスオブジェクト 32, 63-64
　並行に実行 136-138
　リストを返さずジェネレータを返す......35-37
　例外かNoneを返すか 29-31
関数デコレータ (function decorator)........149-151
キーワード専用引数 (keyword-only argument)
　Python 2 52-53
　明確さ 50-52
キーワード引数 (keyword argument)
　オプションの振る舞いを与える 44-47
　クラスの構成 58
　動的なデフォルト引数 47-50
協定世界時 (Coordinated Universal Time、UTC)
　.....................................161-165
記録管理 (bookkeeping)
　辞書 55-60
　ヘルパークラス 58-60
空白 (whitespace).....................................3
クラス (class)
　mix-in.....................................73-78
　インタフェース
　　.................クラスのインタフェースを参照
　親クラスの初期化.....................................69-73
　記録管理.....................................58-60
　サブクラス ....サブクラスを参照
　注釈 112-115
　登録 108-112
　ドキュメンテーション文字列.....................177

バージョン管理 158-159
　メタクラス ....メタクラスを参照
　メタクラス登録 108-112
クラスのインタフェース (class interface)
　@propertyメソッドによる改善...........91-94
　定義にパブリック属性を使う.................87-88
繰り返しコード (repetitive code)
　mix-in.....................................74
　キーワード引数 44-47
クロージャ (closure) 31-35
グローバルインタプリタロック (global interpreter
　lock).....................................GILを参照
グローバルスコープ (global scope) 33
継承 (inheritance)
　collections.abc.....................................84-86
　mix-inユーティリティクラス 77-78
　多重 73-78
　メソッド解決順序 (MRO) 71
ゲッターメソッド (getter method)
　@property 88-89
　使用上の問題.....................................87-88
　ディスクリプタのプロトコル.....................97
言語フック (language hook) 100-105
構文 (syntax)
　elseブロックのあるループ 23
　キーワード専用引数.....................................51-52
　デコレータ 149-151
　変更可能なクロージャ変数 34-35
　メタクラス 106
　リスト内包表記 15
子クラス (child class) 69-73
子プロセス (child process)
　communicateメソッド 118-119
　CPU消費.....................................117-121
　I/O.....................................117-121
　subprocess組み込みモジュール 117-121
　subprocessを使った管理.....................117-121
　コマンドラインから起動.....................119-120
　並列性.....................................117-121
コマンドライン (command-line)
　Pythonのバージョンを確かめる 1-2
　子プロセスの起動.....................................119-120
コミュニティ作成モジュール (community-built
　module).....................................172-173

コルーチン（coroutine）
　　Python 2 143–144
　　コンウェイのライフゲーム 138–143
　　目的 136–138
コンウェイのライフゲーム（Conway's Game of
　　Life）....................................138–143
コンテナ（container）
　　collections.abc を継承 84–86
　　イテラブル 41

さ行

最適化（optimization）
　　プロファイル..209–213
　　メモリ最適化 213–216
先入れ先出しキュー（First-in-first-out queue）
　　...165
サブクラス（subclass）
　　list 型 83–84
　　TestCase..206–207
　　ジェネリックに構築／連携する.................65–69
　　内部APIと属性を利用させる 81–83
　　メタクラスで妥当性検証...................106–108
シーケンスのスライス（slicing sequences）
　　stride 構文 13
　　基本形...10–13
ジェネリックな機能（generic functionality）
　　...74–78
ジェネリックなクラスメソッド（generic class
　　method）..67–69
ジェネレータ（generator）
　　コルーチン 136–138
　　リストを返す...35–37
ジェネレータ式（generator expression）........18–20
式（expression）
　　PEP 8 スタイルガイド 4
　　リスト内包表記..16–18
式と文（expression/statement rule）....................4
　　概要...3–4
　　空白..3
　　名前付け...3–4, 80
辞書（dictionary）
　　defaultdict クラス 167
　　オブジェクトを辞書表現に変換.............74–75

記録管理...55–60
順序つき 165–166
デフォルト 166–167
内包表記 16
システムコール（system call）...................124–125
実行時間（execution time）.....................209–213
集合（set）..16
出力のデバッグ（debugging output）
　　...201–204, 207
循環依存（circular dependency）
　　importing モジュールのインポート...187–188
　　インポート、構成、実行...................190–191
　　インポートの順序変更...................189–190
　　コードのリファクタリング 189
　　動的インポートによる解決 191–192
順序つき辞書（ordered dictionary）...........165–166
順序のない辞書（unordered dictionary）...........165
シリアライズ（serializing object）..............157–158
　　pickle 組み込みモジュール.................155–157
　　安定なインポートパス 159–160
　　データ構造 109
　　デフォルト属性値............................157–158
推移的依存関係（transitive dependency）.........193
スーパークラス初期化順序（superclass
　　initialization order）..................................71–73
スコープ（scope）..31–35
スコープ処理バグ（scoping bug）........................34
スター引数（star args, *args）...........................42
スピードアップ（speedup）並行性と並列性.......117
スライス（slicing）...10–13
スレッド（thread）
　　Python のスレッドの利点 124
　　協調作業..129–136
　　データ競合を防ぐ...............................126–129
　　ブロッキング I/O 124–125
　　並列性に使うのを避ける....122–123, 145–148
　　問題...136
静的型チェック（static type checking）......204–205
精度（numerical precision）.....................169–171
セッターメソッド（setter method）
　　@property 88–89
　　正しく動作させる.................................87–88
　　ディスクリプタのプロトコル.......................97
増加演算（incrementing in place）.......................88

相互排他ロック（mutual-exclusion lock）
.... mutexを参照
添字（index）...10–13
ソート（sort）...31–32
属性（attribute）
　　遅延...100–105
　　デフォルト属性値.............................157–158
　　名前の衝突...81–82
　　メタクラスで注釈.............................112–115
　　リファクタリング...............................91–95
その場での計算（on-the-fly calculation）.....91–95

た行

タイムゾーン演算（time zone operation）
....163–164
タイムゾーン変換メソッド（time zone conversion
　method）..161–165
ダイヤモンド継承（diamond inheritance）..........71
対話型デバッガ（interactive debugger）....207–209
対話的デバッグ（Interactive debugging）..208–209
多重継承（multiple inheritance）...................73–78
妥当性検証コード（validation code）.........106–108
タプル（tuple）
　　zip関数..21–23
　　値..57
　　可変長引数...43
　　長くする..58
　　比較の規則...32
単一のコンストラクタ（single constructor）
....67, 69
遅延属性（lazy attribute）.........................100–105
中央演算装置（central processing unit）
....CPUを参照
中間的な例外（intermediate exception）...........187
ディスクリプタ（descriptor）
　　クラス属性の修正.............................112–115
　　再利用可能な@propertyメソッド.........95–100
　　再利用可能なプロパティのロジック............90
データ競合（data race）.........................126–129
データモデル（data model）.........................91–95
デコレータ（function）
　　contextmanagerデコレータ..............152–154
　　functools組み込みモジュール...........149–151

関数...149–151
クラス..111
構文...149–151
定義...149–151
デバッガ...149, 150
デシリアライズ（deserializing）
　　pickle組み込みモジュール.................155–157
　　安定なインポートパス.........................159–160
　　デフォルト属性値.............................157–158
デッドロック（deadlock）.............................121
デバッガ（debugger）.................................149, 150
デバッグ（debugging）
　　print関数.......................................201–203
　　repr文字列......................................201–204
　　対話的...208–209
　　メモリ使用量.................................213–216
　　ルート例外.....................................185–186
デフォルト値（default value）
　　copyreg組み込みモジュール...............157–158
　　キーワード引数...............................45–46
デフォルト値フック（default value hook）....62–64
デフォルト引数（default argument）
　　namedtupleクラス.............................59
　　シリアライズ.................................157–158
　　動的な値を使う...............................47–50
糖衣構文（syntactical sugar）.........................143
統合テスト（integration test）.........................207
動的インポート（dynamic import）
　　避ける..192
　　循環依存の解決.............................191–192
動的な状態（dynamic state）.............................55
ドキュメンテーション（documentation）..........175
ドキュメンテーション生成ツール
　（documentation-generation tool）................176
ドキュメンテーション文字列（docstring）
　　関数...178–179
　　クラスレベル.....................................177
　　重要性...175–176
　　デフォルトの振る舞いを文書化..............47–50
　　モジュール.................................176–177

な行

内包表記（comprehension）............................15–16

名前空間パッケージ (namespace package) 180
名前付け (naming style) 3–4
名前の衝突 (naming conflict).........................81–82
二分木クラス (binary tree class) 84–86
二分探索 (binary search) 168
ノイズを減らす (noise reduction)...............44–47

は行

バイトコード・インタプリタ (bytecode
　interpreter) 122
バイナリモード (binary mode) 7
パイプライン (pipeline)
　Queue クラス 132–136
　並行性 129–132
　問題 131–132
パッケージ (package)
　安定な API を提供 181–184
　モジュールの構成に使う 179–180
　モジュールを別々の名前空間に分割..180–181
バッファサイズ (buffer size)....................132–136
パブリック属性 (public attribute)
　アクセス 78
　新たな振る舞い....................................91–94
　クラスのインタフェース定義................87–88
　好ましい性質....................................80–82
ヒープキュー (heap queue) 167
引数 (argument)
　イテレータを使う 38–42
　キーワード 44–47
　キーワード専用 50–54
　省略可能な位置引数 42–44
ビジーウェイト (busy wait) 131
複雑な式 (complex expression) 8–10
複数条件 (multiple conditions) 16–18
複数のイテレータ (multiple iterators) 21–23
複数ループ (multiple loops) 16–18
フック (hook)
　関数 61–62
　クラス属性の修正.................................... 113
　デフォルト値..62–64
　見つからないプロパティでアクセス.........101
プライベート属性 (private attribute)
　アクセス 78–80

サブクラス 81–83
　内部 API 80
ブロッキング操作 (blocking operation)....132–136
プロトコル (protocol) 97
プロパティのロード (load property)................. 102
文 (statement)
　PEP 8 スタイルガイド 4
　概要 3–4
並行性 (concurrency)
　Queue クラス 132–136
　コルーチン 136–138
　定義 117
　パイプライン 129–132
並列性 (parallelism)...............................146–148
　concurrent.futures 145–148
　子プロセス 117–121
　スレッド 122–123
　定義 117
　データ構造の破壊 128
　必要性 145–146
ヘルパー関数 (helper function) 8–10
ヘルパークラス (helper class)
　記録管理 58–60
　状態を持つクロージャ 62–63
変数スコープ (variable scope) 31–35
ポリモルフィズム (polymorphism)
　@classmethods 65–69
　定義 64–65
本番環境 (production environment).........199–201

ま行

水漏れバケツからの水の割り当て (leaky bucket
　quota) 92–95
見た目の雑音 (visual noise) 42–44
無限再帰 (infinite recursion) 101
明確さ (clarity)..50–54
メソッド解決順序 (method resolution order、
　MRO)...71–73
メタクラス (metaclass)
　クラス登録 108–112
　サブクラスの妥当性検証....................106–108
　属性を注釈 112–115
　定義 87, 106

メモリ（memory）
　管理 213–216
　コルーチン 136
　削除 213–216
　スレッドが必要とする 136
　割り当て 213–216
メモリリーク（memory leak）
　ディスクリプタクラス 100
　特定 213–216
モジュール（module）
　安定なAPIを提供 181–184
　構成にパッケージを使う 179–184
　コミュニティ作成....................172–173
　循環依存を止める...................187–192
　ドキュメンテーション文字列............176–177
　本番環境を構成する 199–201
モジュールスコープのコード（module scoped
　code）...............................199–201
モック関数（mock function）..............206
モッククラス（mock class）.................206

や行

ユーティリティクラス（utility class）............77–78
ユニットテスト（unit test）.................207

ら行

ライフゲーム（Game of Life）....................138–143

ラムダ式（lambda expression）.....lambda式を参照
リスト（list）................................10–13
リスト内包表記（list comprehension）
　map/filterの代わりに使う 15–16
　ジェネレータ式.......................18–20
　式の数.................................16–18
　集合 16
リファクタリング（refactoring）
　循環依存 189
　属性 91–95
両端キュー（double-ended queue）..................165
ルート例外（root exception）
　APIからの呼び出し元を隔離............184–185
　APIの将来保証 186–187
　コードのバグを見つける...................185–186
ループ（loop）
　elseブロック 23–25
　range/enumerate関数...................20–21
　リスト内包表記.......................16–18
例外（exception）
　try/finallyブロック 26–28
　上げる.................................29–31
　ルート.................................184–187
ロギング（logging）.......................152–153

わ行

ワイルドカード（wildcard）.................................183

●訳者紹介

黒川 利明（くろかわ としあき）

1972年、東京大学教養学部基礎科学科卒。東芝㈱、新世代コンピュータ技術開発機構、日本IBM、㈱CSK（現SCSK㈱）、金沢工業大学を経て、2013年よりデザイン思考教育研究所主宰。

過去に文部科学省科学技術政策研究所客員研究官として、ICT人材育成やビッグデータ、クラウド・コンピューティングに関わり、現在情報規格調査会SC22 C#、CLI、スクリプト系言語SG主査として、C#、CLI、ECMAScript、JSONなどのJIS作成、標準化に携わっている。

他に、日本規格協会標準化アドバイザー、町田市介護予防サポータ、カルノ㈱データサイエンティスト、日本マネジメント総合研究所LLC客員研究員。ワークショップ「こどもと未来とデザインと」運営メンバー、ICES創立メンバー、画像電子学会国際標準化教育研究会委員長として、データサイエンティスト教育、デザイン思考教育、標準化人材育成、地域活動などに関わる。

訳書に『Optimized C++ ——最適化、高速化のためのプログラミングテクニック』、『Cクイックリファレンス第2版』、『Pythonからはじめる数学入門』、『PythonによるWebスクレイピング』、『Think Bayes ——プログラマのためのベイズ統計入門』（オライリー・ジャパン）、『メタ・マス!』（白揚社）、『セクシーな数学』（岩波書店）、『コンピュータは考える ——人工知能の歴史と展望』（培風館）など。共訳書に『アルゴリズムクイックリファレンス第2版』、『Think Stats 第2版 ——プログラマのための統計入門』、『統計クイックリファレンス』、『入門データ構造とアルゴリズム』、『プログラミングC# 第7版』（オライリー・ジャパン）、『情報検索の基礎』、『Google PageRankの数理』（共立出版）など。

●技術監修者紹介

石本 敦夫（いしもと あつお）

古株のPythonユーザ。日本のPythonメーリングリストの設立や、python.jpサイトの立ち上げなどに携わる。著書に『パーフェクトPython』（技術評論社）、『Python文法詳解』（オライリー・ジャパン）など。

●査読者紹介

鈴木 駿（すずき はやお）

社会人2年目のプログラマ。

2008年、神奈川県立横須賀高等学校卒業。

2012年、電気通信大学電気通信学部情報通信工学科卒業。

2014年、同大学大学院情報理工学研究科総合情報学専攻博士前期課程修了、修士（工学）。

Pythonとはオープンソースの数学ソフトウエアであるSageMathを通じて出会った。

PythonでプログラミングするうちにイギリスのコメディアンのMonty Pythonも好きになった。

Twitter: @CardinalXaro Blog: http://xaro.hatenablog.jp/

Effective Python
Pythonプログラムを改良する59項目

2016年 1 月22日　　初版第 1 刷発行
2017年 6 月 7 日　　初版第 4 刷発行

著　　　者	Brett Slatkin（ブレット・スラットキン）
訳　　　者	黒川 利明（くろかわ としあき）
技術監修者	石本 敦夫（いしもと あつお）
発　行　人	ティム・オライリー
制　　　作	ビーンズ・ネットワークス
印　　　刷	日経印刷株式会社
発　行　所	株式会社オライリー・ジャパン

〒160-0002　東京都新宿区四谷坂町12番22号
Tel　　（03）3356-5227
Fax　　（03）3356-5263
電子メール　japan@oreilly.co.jp

発　売　元	株式会社オーム社

〒101-8460　東京都千代田区神田錦町 3-1
Tel　　（03）3233-0641（代表）
Fax　　（03）3233-3440

Printed in Japan（ISBN978-4-87311-756-0）
乱丁本、落丁本はお取り替え致します。

本書は著作権上の保護を受けています。本書の一部あるいは全部について、株式会社オライリー・ジャパン
から文書による許諾を得ずに、いかなる方法においても無断で複写、複製することは禁じられています。